ANATOMIE 2

Ronja Willmes

ANATOMIE 2

ROMAN

vgs

Bibliografische Information Der Deutschen Bibliothek
Die Deutsche Bibliothek verzeichnet diese Publikation in der Deutschen Nationalbibliografie; detaillierte bibliografische Daten sind im Internet über **http://dnb.ddb.de** abrufbar.

Der Roman »Anatomie 2« entstand nach dem Drehbuch und dem Film »Anatomie 2« von Stefan Ruzowitzky, einer Produktion der Deutsche Columbia Pictures Filmproduktion GmbH und Claussen + Wöbke Filmproduktion GmbH.

1. Auflage 2003

Produktion: Wolfgang Arntz
Umschlaggestaltung: Sens, Köln,
nach einer Vorlage der Maßmann, Neuser GmbH
Werbeagentur, © 2003 by Columbia TriStar Film GmbH
Satz: Kalle Giese, Overath
Druck: Clausen & Bosse, Leck
Printed in Deutschland
ISBN 3-8025-3248-1

Prolog

Unter der Glaskuppel des großen Festsaals schwebte ein wohlwollendes Gemurmel, das sich über den blutroten Teppich bis hin zur Bühne fortsetzte, vor der lebhaft gefachsimpelt und diskutiert wurde.

Mitten durch den Saal führte ein weißer Streifen im Teppichboden genau auf die Mitte der Bühne zu. Ein einsames Rednerpult stand darauf. Zu beiden Seiten des Raumes flankierten Poster die hohen Wände, die in einem dezenten Pastellorange gestrichen waren. Die großformatigen Fotos zeigten sämtlich dasselbe Motiv: einen posierenden Mann, der, das Charisma des Erfolgs im Lächeln, auf die feierliche Versammlung hinabblickte.

Mit unsicheren Schritten bahnte sich ein junger Mann im hellen Anzug seinen Weg über den weißen Mittelteppich. Seine weit aufgerissenen Augen wanderten unruhig über die schwatzenden Grüppchen festlich gekleideter Menschen, die sich an den weiß gedeckten Stehtischen zusammengefunden hatten.

Endlich fand er, wonach er suchte. Unmittelbar neben dem Bühnenaufgang stand ein attraktiver Mann mittleren Alters, der sein kurzes dunkelblondes Haar lässig zurückgekämmt trug. In seinem dunkelblauen Anzug wirkte Professor Müller-LaRousse noch weltgewandter als in dem Arztkittel, den er auf den ringsum aufgestellten Bildern trug. Der renommierte Mediziner war in eine angeregte Unterhaltung mit einem Kollegen vertieft, als eine Stimme wie aus weiter Ferne an sein Ohr drang: »Bruder!«

Langsam wandte sich Müller-LaRousse um und ließ seinen Blick über die zahlreichen Köpfe schweifen, die einander interessiert zugeneigt waren, doch der Rufende stand bereits direkt neben ihm.

Erschrocken trat der Arzt einen Schritt zur Seite. »Benny«, er sah hektisch nach rechts und nach links, dann wieder in das schweißbedeckte Gesicht seines Schützlings, »was machen Sie denn hier?«

»Bruder, hilf mir.« Benny fixierte ihn mit starrem Blick.

»Sie sollten doch in der Klinik sein.«

»Herr Professor, der Senator würde jetzt gern anfangen ...« Eine Referentin im grauen Kostüm drängelte sich ungeduldig zwischen den beiden Männern hindurch.

»Ja, ja.« Müller-LaRousse blickte sich abermals nervös um, bevor er sich wieder zu dem jungen Mann im weißen Anzug umwandte. Er wollte gerade zu einer Bemerkung ansetzen, als sich die Stimme des Senators, um etliche Dezibel verstärkt, über den Saal erhob. »Meine sehr verehrten Damen und Herren, liebe Freunde ...«

Das Gemurmel erstarb, und die Anwesenden richteten ihre Aufmerksamkeit auf die Bühne.

»... Gott erschuf den Menschen.« Der Senator machte eine

Pause und lehnte sich, die Hände auf das Rednerpult gestützt, verschwörerisch nach vorn. »Schade eigentlich, denn unser lieber Charles hätte die Anatomie viel besser hingekriegt.«

Zustimmendes Gelächter aus den Reihen der anwesenden Gesellschaft.

»Ja, das ist ein gängiger Scherz unter den jungen Ärzten im Großklinikum Berlin ...« Der Senator blickte nun direkt den gefeierten Mediziner an, der seinen Arm erst sanft, dann ziemlich ruckartig aus Bennys Umklammerung zu befreien versuchte und, als ihm das endlich gelungen war, den Bühnenaufgang hinaufeilte. »... der aber auch Ausdruck des Respekts für diesen erfolgreichen Forscher ist«, fuhr er fort. »Und es ist ein Ausdruck der Zuneigung ...«

Plötzlich erhob sich aus der Menge ein verzweifelter Schrei, der den Anwesenden das Blut in den Adern gefrieren ließ: »Bruder, hilf mir!«

Sämtliche Köpfe ruckten in Richtung des Störenfrieds, der nur noch wenige Meter von der Bühne entfernt stand. Von allen Blicken, die den Mann im weißen Anzug trafen, hielt dieser allein denen der beiden Herren stand, die ihn vom Rednerpult aus fassungslos anstarrten. Sofort bildete sich ein respektvoller Halbkreis um den ungebetenen Gast.

Da begann der junge Mann, sich das weiße Jackett vom Körper zu zerren, während der Senator auf der Bühne, der sich unvermittelt in den Hintergrund gedrängt sah, unbeirrt mit seiner Ansprache fortfuhr: »... Zuneigung zu dem Menschen Professor Doktor Charles Müller-LaRousse. Und wer wollte nicht den Hut ziehen vor einem Mann, der so vielen –«

»Du sollst deinen Bruder Benny ansehen!«

Erneut fuhren die Gäste erschrocken zusammen. Müller-

LaRousse starrte nach wie vor ungläubig auf den offensichtlich verwirrten jungen Arzt hinunter.

Wie von Sinnen knöpfte Benny sein Hemd auf und riss es sich schließlich vom Leibe. Da stand er nun, inmitten der eleganten Versammlung, mit nacktem, völlig verschandeltem Oberkörper. Lange Narben und frische Nähte verunzierten seinen entblößten Rumpf; einer seiner Oberarme steckte in einem weißen Mullverband.

»Sieh her, Charles.« Heftig atmend präsentierte Benny seinem Mentor die nackte Brust, während er langsam eine Hand hob, in der ein Skalpell aufblitzte. »Ich kann nicht mehr. Ich bin kaputt.«

Plötzlich schien jemand aus der allgemeinen Erstarrung zu erwachen, denn es gellte ein lauter Schrei durch den Saal: »Security! Security!« Es war die Referentin in dem grauen Jackenkleid, die sich nun aus der vollkommen paralysierten Menge löste und an den schockierten Gesichtern vorbei zum Ausgang rannte. Die meisten Anwesenden jedoch nahmen diese Aktion nur am Rande zur Kenntnis, denn inzwischen hatte sich der junge Mann die Armbinde aufgeschnitten – und nicht nur die Armbinde. Blut quoll aus der tiefen Schnittwunde hervor, die unter dem sich lösenden Verband zum Vorschein kam, und tropfte auf die blütenweiße Anzughose.

»Charles, sieh her.« Erneut hob Benny die Hand mit dem Skalpell. »Ich kann nicht mehr leben.« Zum Entsetzen der aufkreischenden Menge sauste die Hand mit der Klinge auf seinen nackten Oberkörper hinab und vollführte einen langen Schnitt ins Fleisch. Einmal, zweimal ... dann ein drittes Mal. »Ich spüre nichts. Ich kann nichts spüren. Hilf mir.«

Aus den drei tiefen, waagerechten Schnitten rann das Blut

in Strömen über seinen Bauch, seine Hose und auf den weißen Teppich. Er sank auf die Knie, breitete die Arme aus wie ein Gekreuzigter und blickte dabei unverwandt den geschockten Arzt auf der Bühne an. Langsam holte er aus. Und dann stieß er sich mit voller Wucht das Skalpell ins Herz. Ächzend brach er inmitten der zurückweichenden Menge auf dem weißen Teppich zusammen.

»Ein Arzt! Ist hier irgendwo ein Arzt?!« Wie Hohn hing der verzweifelte Ausruf einer Kellnerin über den ratlosen Köpfen der versammelten Mediziner-Elite.

Endlich rührte sich Müller-LaRousse und stürzte die Bühnentreppe hinunter zu dem reglos daliegenden, blutüberströmten Jungen. »Benny! Mein Gott, Benny!«

1

»Bist du sicher?« Der junge blonde Mann mit dem Beatles-Haarschnitt starrte angestrengt auf das Schachbrett, das auf seinem Schoß lag. Aber er konnte sich heute auf die schwarzen und weißen Figuren und ihre verdammten Zugmöglichkeiten überhaupt nicht konzentrieren.

Jo blickte auf. »Wegen Berlin?«, fragte er zurück. Aufmerksam musterte er das versteinerte Gesicht seines Bruders, der seine Augen hinter den langen Ponyfransen zu verstecken suchte. Er wusste, dass Willi sehr an ihm hing, und irgendwie tat er das alles ja vor allem für seinen Bruder.

»Überhaupt die ganze Medizinkacke«, präzisierte dieser.

»Ist doch cool, Arzt zu sein«, sagte Jo daraufhin begeistert.

»Ich kenn mehr Ärzte als du«, konterte Willi, »die sin' nich' cool, dat sin' Wichser.«

Jo lächelte amüsiert. Immer dann, wenn Willi sich aufregte – oder eigentlich sobald er den Mund aufmachte –, entwickelte er eine Vorliebe für den heimischen Ruhrpottdialekt und für die vulgärsten Ausdrücke, die Jo jemals zu

Ohren gekommen waren. Niemand konnte besser fluchen als Willi. »Dann bin ich der erste Arzt, der nicht wichst«, versprach er seinem kleinen Bruder augenzwinkernd.

»Ich würd' wat dafür geben, wenn ich wenigstens noch mal amtlich wichsen könnte«, erwiderte Willi und bewegte resigniert die Räder seines Rollstuhls vor und zurück, sodass die Schachfiguren bedenklich ins Wanken gerieten.

»Die in Berlin, die forschen an Muskelkrankheiten«, sagte der angehende Arzt enthusiastisch, um seinem selbst an einer Muskelschwäche erkrankten Bruder Mut zu machen, »und vielleicht …«

»He, du sollst mich nicht immer gewinnen lassen, ja? Ich bin 'n Krüppel und kein Trottel!«

»Da wär ich mir nicht so sicher«, erwiderte Jo grinsend. Sein Blick glitt über die Spielfiguren und Willis schachmatt gesetzten König. Er wanderte weiter über die Fußballposter und Familienfotos an den Wänden des kleinen Zimmers und schließlich zurück zu seinem stolzen Bruder, der die Figuren neu aufstellte, während ihm das blonde Haar ins Gesicht hing.

»Jupp!«

Genervt sah Jo von seinem Gepäck auf, das sich neben dem Hauseingang türmte. »Nein, Mama! Ich nehme sicher keine Pfannkuchen mit nach Berlin.« Er warf sich den großen blauen Reiserucksack über die Schultern und ignorierte die rote Stofftasche, die seine Mutter ihm freudestrahlend entgegenhielt.

Die Duisburger Reihenhaussiedlung mit ihren eintönigen verwaschenen Fassaden wirkte genauso trist wie der Himmel über ihr. Nur gut, dass seine Mutter ihn mit dem Auto zum Bahnhof brachte; es würde bestimmt bald anfangen zu regnen.

Als er sein Gepäck in den kleinen weißen Wagen verfrachtet hatte, hörte Jo seine Mutter schon mindestens zum hundertsten Mal an diesem Tag seinen Namen rufen. Sie hielt gerade mit zwei Nachbarinnen ein Schwätzchen über Jos bevorstehende Karriere als »Neurochirurger«, »so mit dem Gehirn und mit die Nerven«, und zwar in Berlin, wo nämlich »dat beste Krankenhaus von Deutschland« war.

Mit wichtiger Miene winkte die sichtlich stolze Mutter den Sohn an den Gartenzaun. »Komm mal her, Jupp«, sagte sie dabei. »Erzähl der Frau Kaiser dat mal mit den Neurotransmittern.«

»Jo wie Joachim«, korrigierte der schmale schwarzhaarige Medizinstudent heute nicht zum ersten Mal, »das prollige Jupp war gestern.«

»Dat tut mir ja furchtbar Leid, datte aus so 'ne prollige Familie kommst, mein Herr.« Frau Hauser gab ihrem Sohn einen mütterlichen Klaps.

»Hey, Mama. Ich freu mich einfach tierisch!« Jo drückte seiner Mutter einen Kuss auf die Wange.

In der Haustür des Reihenhäuschens erschien Willi mit seinem Rollstuhl. »He, Jojo!«, machte er sich lautstark bemerkbar. »Wat heißt eigentlich AIP?«

»Arzt im Praktikum, wieso?«

»Alle immer poppen«, setzte Willi seine eigene Version der Abkürzung hinzu. »Mann, die ganzen Schwestern! Dat kannste doch machen als Arzt.« Er hatte offensichtlich seine ganz eigenen Vorstellungen vom Arbeitsalltag eines Mediziners.

»Willi, ich hab dat genau gehört«, ließ sich Frau Hausers betont strenge Stimme vom Gartenzaun her vernehmen.

Ihre Rüge vermochte den wilden Krankenschwesterfantasien ihres Jüngsten und vor allem seiner großen Klappe jedoch keinen Einhalt zu gebieten. »Da sachste der Schwester: Ich hab da 'nen kleinen Krüppelbruder, und der hätt gern Ihr Höschen. Zum Schnüffeln. Machste 'n bisschen auf Mitleid ...«

»Komm, mach voran.« Frau Hauser befand, dass drastischere Maßnahmen gefragt waren, um wenigstens der Nachbarschaft die pubertären Einlassungen ihres Sohnes zu ersparen. »Sonst verpassen wir noch den Zug.«

»Mach's gut, perverse Sau!« Jo winkte seinem Bruder noch einmal aufmunternd zu, bevor er auf den Beifahrersitz rutschte. »Und wegen der ganzen Medizinkacke: Ich war mir noch nie im Leben so sicher!«, rief er Willi durch die heruntergelassene Seitenscheibe zu.

»Viel Glück!« Sehnsüchtig sah Willi dem Bruder nach. »Haste sowieso immer«, fügte er noch leise hinzu. Plötzlich kam Bewegung in den jungen Mann. Mit kräftigen Armstößen bugsierte er seinen Rollstuhl durch den kleinen Vorgarten an den verdutzten Nachbarinnen vorbei bis an die Straße. »He, 'n Höschen is' 'n Deal!«, brüllte er dem davonfahrenden Wagen hinterher.

»Nur, wenn du zur Physiotherapie gehst!«, hörte er Jos Stimme aus dem Wagen.

»Scheiß auf die Physiotherapie!« Willis Stimme überschlug sich fast. Sein Gefährt rollte schwungvoll über den Bürgersteig. »Die Beine sind eh im Arsch«, brüllte er aus Leibeskräften. »Und meinen Schwanz will die nich therapieren. Nich auf Kasse.« Mindestens zwei kopfschüttelnde Nachbarinnen waren nun genauestens über Willis körperliches Befinden informiert. »Und datte mir nich zu scheiß

Hertha überläufst! Einmal MSV, immer MSV!« Der Wind und die Traurigkeit trieben ihm die Tränen in die Augen.

»Immer MSV!« Die zur Siegerfaust geballte Hand seines Bruders war das Letzte, was Willi von ihm sah, bevor das Auto mit dem hoffnungsvollen jungen Arzt um die nächste graue Häuserecke verschwand.

Mehrere dunkle Augenpaare blickten ihm neugierig entgegen, als Jo die Gemeinschaftsküche im Schwesternwohnheim betrat.

Berlin war wirklich spitze, nicht so spießig wie die Malochersiedlung im fernen Duisburg. »Da möchte man nicht mal begraben sein, was?«, hatte ein Mitreisender zu ihm gesagt, als das bleierne Ruhrpott-Panorama aus Fabrikschloten und tristen Häuserfronten am Zugfenster vorbeiflog.

Auch an seinem neuen Arbeitsplatz waren alle supernett, besonders Lee, die junge Asiatin mit dem kinnlangen schwarzen Haar, die mit ihm den kurzen Rundgang durch das Wohnheim gemacht hatte.

»Hier in Erdgeschoss nur Schwestern von Philippinen und manchmal junger Doktor von AIP«, erklärte Schwester Lee dem attraktiven jungen Mann. »Joachim von Duisburg«, stellte sie ihn ihren Kolleginnen vor, als ob es sich um adligen Besuch handelte.

Nervös fuhr sich Jo durch seine kurzen, dichten Locken, bis schließlich ein paar von ihnen wie Antennen von seinem Kopf abstanden.

Die philippinischen Schwestern unterschiedlichen Alters, die bei Kerzenschein gemütlich um den Küchentisch saßen, strahlten mit den Kerzen förmlich um die Wette.

»Pfannkuchen von Duisburg«, verkündete Jo verlegen und hielt den roten Stoffbeutel hoch, den ihm seine wohlmeinende Mutter am Bahnhof im letzten Moment doch noch unter den Arm gequetscht hatte.

Wenige Augenblicke später hockte der AIPler inmitten der fröhlich plappernden Runde, was er nicht zuletzt den Pfannkuchen zu verdanken hatte, die sich bei seinen neuen Kolleginnen großer Beliebtheit erfreuten. Voller Leidenschaft erzählte er den Schwestern von seinen ehrgeizigen Zukunftsvisionen und wie sein Berufswunsch zustande gekommen war: »Bei meinem Vater hieß es: ›Finalstadium!‹«, berichtete er. »Das heißt so viel wie ›Stirbt sowieso, Pech gehabt‹. Und die Krankenkasse zahlt keine Therapie. Und da stehst du dann daneben als Dreizehnjähriger und denkst dir: Jetzt werd ich Arzt. Und zwar ein Superarzt, ihr Schweine!«

Applaus und vereinzelte »Bravo!«-Rufe belohnten seine schwungvolle Rede.

»Ich meine«, setzte er hinzu, »irgendwie muss man doch versuchen, die Dinge zu verbessern, oder? Es können ja nicht alle Privatpatienten sein.«

»Junge Herrn Doktors immer so schöne Gedanken«, wandte die lebhafte Consuelo traurig lächelnd ein. Sie wusste, hehre Ziele machten aus einem Ritter, der ohne Furcht und Tadel, aber leider nur mit einer großen Klappe und zu Fuß daherkam, noch längst keinen Helden.

Die junge Frau neben ihm schien der gleichen Meinung zu sein. »Aber dann sterben schöne Gedanken«, sagte Schwester Lee mit unbewegter Miene. »Und junge Doktors.«

Einen Moment lang schwieg die Runde betroffen.

Der Neuling warf Lee einen irritierten Blick zu. Erst jetzt fiel ihm auf, dass sie überaus sinnliche Lippen hatte – an denen er gerade zugegebenermaßen ein wenig verwirrt hing. »Du meinst, die schönen Gedanken der jungen Herrn Doktors sterben?«, berichtigte er sie.

»Lee mag schöne Gedanken und schönen jungen Doktor Jo«, kicherte Consuelo und sorgte damit für allgemeine Belustigung.

Im Lichtkegel der weißen Tischlampe starrte ein blonder Arzt ungläubig in die Krankenakte, die aufgeschlagen vor ihm auf dem Labortisch lag.

Das Licht warf tiefe Schatten auf sein Gesicht. Hinter der Brille des jungen Mannes erschien eine steile Hautfalte, die seine Stirn in zwei ungleiche Hälften zu teilen schien.

Erst eine Stimme dicht an seinem Ohr erinnerte ihn daran, dass er den Telefonhörer in einer Hand hielt und mit der anderen soeben eine Nummer gewählt hatte.

»Ich bin's, Fred Richter«, rief er hastig in die Sprechmuschel. Etwas gefasster fuhr er fort: »Ich hab Bennys Blutbild noch mal gecheckt. Er hat unter anderem eine massive Überdosis Neurocholin intus gehabt, und die hat er sich sicher nicht selbst injiziert ...« Er hielt inne und lauschte der Antwort am anderen Ende der Leitung. Doch die kaltschnäuzige Gelassenheit, die ihm aus dem Hörer entgegenschlug, beruhigte ihn ganz und gar nicht. Aufgebracht sprang er von seinem Drehstuhl auf und bellte in die Sprechmuschel: »Was heißt, ich soll mich nicht aufregen? Sag mal, geht's dir noch gut?! Den hat jemand planmäßig sterben lassen. Wir müssen es Charles und den anderen sagen ...«

Seine freie Hand gestikulierte ins Leere. »Was? Jetzt noch

’ne OP?«, rief er erstaunt. »Okay, wir sprechen später weiter.« Zornig knallte er den Hörer auf die Gabel.

Ein schmaler Streifen gleißenden Neonlichts fiel in den Korridor, als Fred Richter den OP betrat. Sachte zog er die Tür wieder hinter sich zu.

Der Operationssaal war leer.

Wie automatisch vergewisserte er sich, dass seine rote OP-Kleidung und die Haube korrekt saßen; dann streifte er sich die Gummihandschuhe über. Unsicher um sich blickend, schlenderte er zu dem kahlen OP-Tisch hinüber. »Hallo? Ist da jemand?«

Keine Antwort.

»Ha, ha, ha. Ich fürchte mich!«, rief Fred in gelangweiltem Tonfall in den weiten Raum hinein. »Ihr könnt rauskommen, Leute. Sehr witzig ... Was soll der Scheiß?«

Ein Geräusch ließ ihn erschrocken herumfahren. Ein weiterer Arzt im OP-Kittel, dessen Gesicht unter dem Mundschutz kaum zu erkennen war, hatte den Saal betreten und ging langsam auf Fred zu. Dieser erkannte den Kollegen sofort. »Ach, du bist’s. Sag mal, ich dachte, das wäre ein Notfall. Was liegt denn an? Ist der Patient noch nicht da?«

Wortlos beugte sich der Arzt über den Tisch mit dem Operationsbesteck. Dann drehte er sich langsam zu Fred um, der erst jetzt sah, dass der Kollege ein Skalpell in der Hand hielt.

Der Vermummte sah ihn ungerührt an. »Doch«, sagte er gedehnt.

Im Krankenhaus-Hörsaal herrschte an diesem Morgen ausgelassene Stimmung. Frau Professor Bamberg, eine couragierte ältere Dame mit feschem blondem Kurzhaarschnitt, bedachte die anwesenden Studenten gerade mit frotzelnden Kommentaren zu ihrer Berufswahl.

»Bei Ihnen ist es ja zu spät«, sagte sie mit einem Augenzwinkern. »Anderen jungen Menschen kann man nur raten: Lernt einen anständigen Beruf. Geht zum Fernsehen, in die Werbebranche, werdet Eventmanager oder Webdesigner.«

Während die Kommilitonen um sie herum zustimmend feixten, flüsterte Dirk seinem Sitznachbarn zu: »Big Boss Bamberg. Sehr okay, die Frau. Kenn ich noch von der Uni.«

Jo nickte schweigend. Fetzige Ansprache, die die Direktorin da hielt.

»Dabei liegen Sie hier an unserem Haus mit durchschnittlich sechzig Wochenstunden bei knapp tausend Euro brutto noch im besseren Mittelfeld«, fuhr die Leiterin des Berliner Krankenhauses fort. Sie blickte noch einmal wohlwollend in die jungen Gesichter, die ihr aufmerksam zugewandt waren, bevor sie das Wort an einen charismatischen Arzt von beeindruckender Statur übergab.

»Ich hoffe, nein, ich weiß, dass einige von Ihnen hier sind, weil Sie eine Vision von unserem Beruf haben«, begann dieser und sah die Anwesenden eindringlich an.

Jo und einige andere klatschten begeistert Beifall. Der Mediziner sprach genau das aus, was ihm schon seit langer Zeit, ja, schon vor seinem Studium, am Herzen lag: Seine ganz persönliche Vision war das Ideal vom gesunden Menschen. Vom Menschen, den kein körperlicher Defekt daran hindern konnte, nach Herzenslust zu rennen, zu applaudieren, zu lieben.

»Müller-LaRousse, erste interfaszikuläre Nerventransplantation. Kurz nach den Amis. Knapp am Nobelpreis vorbeigeschrammt«, informierte ihn Dirk im Telegrammstil über den Redner. Dirk hatte den Medizinerjargon schon perfekt drauf, denn Klinikärzte hatten es stets eilig, selbst beim Sprechen, weil es fortwährend Leben zu retten galt.

Jo schwirrte der Kopf. Visionen, Namen, Gerüchte ... Müller-LaRousse zum Beispiel. »Das ist doch der, dessen Junkie-Assistent sich vor ein paar Monaten aufgeschlitzt hat«, murmelte Jo, als er sich erinnerte, was ihm ein Kollege kürzlich erzählt hatte.

»Wie gesagt, als ärztlicher Direktor kann ich das Krankenhaussystem nicht verändern«, ergriff nun wieder Frau Dr. Bamberg das Wort. »Ich kann euch, liebe Kollegen, nur sagen, dass meine Tür immer offen steht. Wenn ihr Sorgen habt, Probleme, wenn euch eine Wohnung fehlt. Wenn ihr vielleicht ein neues Mädchen braucht ...«

Das Lachen der Kommilitonen klang irgendwie hohl und unwirklich.

»Was ist das denn?« Jo wurde schwindelig. Namen, Fakten ... Alles, was in den letzten Tagen auf ihn eingestürmt war, schien in seinem Hirn zu einem Riesenbrei zusammengematscht zu sein. Ein gestreng wirkender Arzt mit schütterem grauem Haar sprach zu ihnen.

»Dr. Schinder, Ethikkommission«, drang wie aus großer Ferne wieder Dirks Stimme an sein Ohr. »Evangelischer Ärztebund. Anti-Raucher-Gruppe.«

Ämter und Positionen.

»Spezialgebiet?«, fragte Jo müde blinzelnd und ebenso lakonisch zurück.

»Formulare«, antwortete Schinder ihm fünf Minuten später in seinem Büro selbst. Deutlich sah Jo das humorlose Gesicht des älteren Mediziners vor sich, der unbeirrt fortfuhr: »Also noch einmal: das B27500 immer in zweifacher Ausfertigung mit rosa Durchschlag …«

Durchschlag …, hallte es durch Jos überanstrengte Gehirnwindungen.

»Schnell, nun stechen Sie doch!«

Er brauchte eine Weile, bis er merkte, dass die nicht eben freundliche Aufforderung der Schwester an ihn gerichtet war. Er blickte nach unten und sah auf dem Fußboden des Krankenhausflurs einen Patienten im Nachthemd liegen, der sich zitternd zusammenkrümmte.

Schnelles, überlegtes Handeln. Verantwortung. Rosa Durchschlag. Und Rechtfertigungen.

»Sie haben einer Myasthenie eine Immunglubolintherapie verabreicht?!« Schinder schäumte vor Wut.

»Aber neueste Studien zeigen …«

»Halten Sie sich gefälligst an unsere bewährten Hausstandards!«

Und dann wieder die drängelnde Stimme einer Schwester: »Die Meningitis von 406 braucht unbedingt eine Antibiose.«

»Weihnachten haben Sie Dienst.« Wo kam denn plötzlich die attraktive blonde Verwaltungssekretärin her? »Ach ja, und dann hat noch ein Herr Willi angerufen. Er sagte, er wartet dringend auf das Höschen.«

Alles begann sich zu drehen wie eine niemals endende Karussellfahrt.

Von irgendwoher kam ein Fußball angeflogen.

»Und dann nimmt Asamoah den Ball volley«, berichtete Jo mit viel kreativer Fantasie und ruderte dazu aufgeregt mit den Armen vor dem Gesicht seines Patienten Manni, der stocksteif in seinem Bett lag und mit abwesendem Blick an ihm vorbeistarrte. Egal, wo Jo sich hinstellte oder hinsprang, er konnte diesen leeren Blick nicht auf sich ziehen.

»Der Mann hat irreversible Hirnschäden, Kollege Hauser.« Schinder stand auf der Schwelle. Seine Stimme ließ den üblichen herablassenden Tonfall nicht vermissen.

Jo sah den Arzt lächelnd an. »Irgendwann hab ich mal gehört, dass menschliche Zuwendung für einen Patienten …«

Schinder ging bereits weiter, aber seine verächtliche Antwort verfehlte keineswegs ihr Ziel: »Einem Debilen Fußball erklären? Das muss auf der Uni gewesen sein.«

Jo blickte gekränkt auf den leeren Türrahmen …

… in dem wie aus heiterem Himmel plötzlich eine wutentbrannte Krankenschwester auftauchte.

Er rieb sich die Augen. Dann blickte er orientierungslos um sich. Der Patient … war diesmal ein älterer Herr.

»Blau und rosa!«, blaffte die Schwester ihn an.

»Endlich, diese Scheißampulle.« Jo sah erleichtert auf.

Doch anstatt ihm die gewünschte Ampulle zu reichen, hielt sie ihm einen Zettel vor die Nase, und zwar so dicht, dass die Buchstaben vor seinen Augen verschwammen. »Wie oft soll ich noch sagen, dass ich den blauen und den rosa Durchschlag brauche, wenn ich …«

»Das kann doch kein Problem sein, mir diese Scheißampulle zu bringen!«

Als sich der Müdigkeitsschleier von seinen Augen hob, fand er sich auf dem Krankenhauskorridor wieder.

Ein Rettungsfahrer rannte ihn fast über den Haufen. »Können Sie der Frau da drüben mal sagen, dass ihr Mann gestorben ist? Ist sonst kein Arzt da«, sagte der Sanitäter im Vorbeigehen zu Jo.

Dieser wandte sich beklommen um. Am anderen Ende des Korridors trat eine junge Frau unruhig von einem Bein aufs andere. Sie blickte dem Rettungsfahrer erwartungsvoll entgegen, der jedoch mit einem entschuldigenden Lächeln an ihr vorübereilte.

Er lief über den weißen Korridor. Er lief zur Visite und von der Visite in den Ruheraum, vom Ruheraum in den OP und zurück und nach Hause. Er hatte das Gefühl, nur noch im Laufschritt unterwegs zu sein. Immerzu, ohne Unterbrechung …

Er saß in seinem Wohnheimzimmer, um ein Telefonat mit seiner Mutter zu führen. Willis aktuelle Befunde waren angeblich »nich so doll«. Was hieß das, »nich so doll«? Damit konnten sie vielleicht seine Mutter abwimmeln, aber doch nicht ihn! Konnte diese Scheißphysiotherapeutin denn nicht mal medizinisch präzise sein?!

»Zwei 36-Stünder und Wochenende! Gratuliere«, kommentierte Dirk, der AIPler mit dem Vier-Tage-Bart und der Brille, Jos Dienstmarathon. Die beiden Jungärzte hetzten gerade den Flur entlang, während der vollkommen ausgebrannte Neuling unter halb geschlossenen Lidern ein Formular studierte. »Was heißt denn das?« Er zeigte Dirk ein Kürzel neben dem OP-Belegungsplan, das ihm bisher entgangen war.

»Müller-LaRousse zur besonderen Verwendung«, erklärte Dirk grinsend. »Der Forschungs-OP. Neueste Technik, Medizin der Zukunft, Karriere« – da war es wieder, das Stichwortverzeichnis des Erfolgs – »nur für den Prof und seine Jünger.« Mit diesen Worten bog Dirk zum Treppenhaus ab.

Obwohl er sich müde und ausgebrannt fühlte, wurde Jo von einer Welle aus Ehrgeiz und Übermut erfasst. »Ich komm da rein!«, rief er dem jungen Kollegen strahlend nach.

Dirk machte sich tatsächlich die Mühe, sich noch einmal umzudrehen, um Jo einen Vogel zu zeigen.

Dann eilte er die Stufen hinauf, wobei er sich nah am Geländer hielt, um einer Gruppe von Weißkitteln Platz zu machen, die gerade plaudernd und vor Selbstbewusstsein strotzend die Treppe hinabstiegen. Oder schwebten sie gar? Berührten ihre Füße überhaupt den Boden?

Jo schluckte. Jemand schien für einen kurzen Moment die Zeit angehalten zu haben, und nur diese mystischen Gestalten bewegten sich vorwärts – würdevoll und selbstsicher. Götter in Weiß, die vorübergehend dem Olymp entstiegen waren, um sich ein wenig auf der Erde zu verlustieren.

Es waren junge Ärztinnen und Ärzte wie er. In ihrer Mitte

erkannte er Professor Müller-LaRousse, den viel gepriesenen Gottvater der Berliner Neurochirurgie. Zu seiner Rechten schritt eine blonde Nymphe mit knabenhaft kurzem Haar, Augen, so groß und blau wie Ozeane, in denen er ertrinken wollte, und einem Mund wie ein Gedicht, voller Ausdruck und Emotionen. Ihre wohlgeformten und nicht enden wollenden Beine steckten in hohen weißen Lederstiefeln, die magisch schimmerten.

»Glänzender Apfel oft innen faul«, sagte Lee, die gerade an Jo vorbeikam, der noch immer wie versteinert dastand. Ihre befremdliche Bemerkung holte ihn wieder auf den Boden des Krankenhausalltags zurück.

Die Gruppe war inzwischen vorüber. Und der magische Moment war es auch.

Jo blinzelte. Plötzlich fühlte er sich vollkommen lächerlich mit der albernen weißen OP-Haube, die er auf dem Kopf trug. Außerdem brauchte er im Moment keine Mütze auf dem Kopf, sondern eine Mütze voll Schlaf.

»Drei Stunden für 45 Patienten. Das heißt, vier Minuten pro Stück, und wenn ich pinkeln muss, bricht der ganze Zeitplan zusammen«, murmelte er vor sich hin, bevor er sich im Ruheraum mit dem Gesicht voran auf die Liege fallen ließ.

2

Erschrocken fuhr Jo auf. Er konnte nicht sagen, wie lange er geschlafen hatte und ob überhaupt.

Lee stand in der Tür des Ruheraums und sah ihn aus ihren dunkelbraunen Rehaugen erwartungsvoll an. Offenbar hatte sie ihn irgendwas gefragt, und wahrscheinlich hatte er im willenlosen Halbschlaf auch noch zugestimmt, denn sie bedeutete ihm nun mit einem Kopfnicken, ihr zu folgen.

Mühsam rappelte er sich auf und trottete wie ein Hund auf Drogen hinter ihr her, den weißen Korridor entlang, bis zum Stationszimmer.

Dort saß auf einer Liege ein kleines philippinisches Mädchen, die Finger in den weißen Papierüberzug gekrallt. Sie sah den eintretenden jungen Arzt schweigend an. In einer Sprache, die Jo nicht verstand, versuchten Consuelo und die anderen Schwestern beschwichtigend auf das Kind einzureden.

»Ist vielleicht Schlimmes«, erklärte Lee beunruhigt, während Jo sanft den Kopf des Kindes anhob, um ihm mit einer kleinen Lampe, die er in seinem Arztkittel stets bei sich trug, in die großen, verängstigten Augen zu leuchten. »Aber Doktor Schinder sagt, Kind Ausländer«, fuhr Lee bitter fort, »ist nicht versichert, und Untersuchung mit Micro-MRI kostet viel Geld.«

Der junge AIPler sah ratlos auf. »Und was soll ich ...?«

Seine Frage löste einen regelrechten Tumult unter den Krankenschwestern aus. Sie begannen von allen Seiten auf ihn einzureden: »Nasenbluten schon zwei Tage ... Nur Maschinen für Patienten privat ... Oder machen Antrag mit viel Formulare ... Schwester Consuelo Ausländerin mit befristet Arbeitserlaubnis ... Kind geht schlecht, immer weinen ...«

Lees entschlossene Stimme ließ sie alle auf einen Schlag verstummen: »Es gibt Micro-MRI in OP 17«, sagte sie nur.

»Aber ich werde den Schinder auch nicht überreden können, und wir können ja wohl schlecht in OP 17 einbrechen.« Die Zustimmung, die Jo von den Umstehenden erwartet hatte, blieb aus. Stattdessen sahen ihn die Asiatinnen nur bekümmert an, auf einigen Gesichtern erschien sogar ein bestrickendes Grinsen.

Ahnend, worauf diese Schwesternverschwörung hinauslief, schüttelte Jo heftig den Kopf. »Nein, nein!«, rief er bestimmt. Er hatte sich schon zu oft mit dem kompromisslosen Prinzipienreiter angelegt.

»Nur Untersuchung ... Doktor Joe hat gemacht so schöne Worte, wenn angekommen.« Lees flehender Blick hatte etwas durchaus Erpresserisches.

»Aber ... Also ... Nee ...«

OP 17 beeindruckte nicht nur durch seine Größe, sondern auch durch seine technische Ausstattung: eine High-Tech-Zelle mit Drucklufttüren, elektronisch gesteuerten Tischen und den allerneuesten Diagnose- und Operationsgeräten. Hier war alles dazu angetan, Medizingeschichte zu schreiben.

Wenig später lag die kleine Filipina auf dem Untersuchungstisch des Kernspintomographen. Zwei der Schwestern standen auf dem Korridor Schmiere. Die anderen hatten sich um das kranke Kind und Doktor Jo geschart. Der betrachtete gerade die Bildaufnahme des Kopfes der kleinen Patientin. »Scheiße«, fluchte er leise. »Das ist ein Schädelbasisbruch – mit Subarachnoidal-Blutung ... Wir müssen sofort operieren. Kann jemand das Endoskop vorbereiten?«

»Ja, ich, Herr Doktor.« Eine der Schwestern eilte davon.

»Gut, dass wir nicht länger gewartet haben.« Die Anspannung stand dem jungen Arzt ins Gesicht geschrieben.

»Aber wir können doch nicht ...« Diesmal war es Lee, die Bedenken anmeldete.

»Wir *müssen*, okay?« Da gab es für Jo überhaupt keine Diskussion. Wenn etwas medizinisch notwendig wurde – und hier lag schließlich eine eindeutige Indikation vor –, blieb nur noch die Verpflichtung. Die Verpflichtung seiner Zunft, alles zu tun, was getan werden konnte, um zu helfen, notfalls sogar das, was offiziell verboten war.

Leise bereiteten eilige Hände in OP 17 die Operation vor, unterbrochen lediglich vom Fluchen des behandelnden Arztes, als die kleine Kamera beim Weiterreichen zu Boden fiel wie bei einem schlecht trainierten Staffellauf und damit nicht mehr steril war. Eine neue Kamera musste her.

Während drinnen operiert wurde, spazierte draußen ein schmächtiger Mann mit Halbglatze über den Gang, die

Mundwinkel wie immer übellaunig nach unten verzogen. In seinem grauen Wollmantel sah er aus wie ein Parteibonze.

»Guten Abend, Herr Doktor Schinder«, begrüßte ihn eine der beiden Schwestern, die vor OP 17 Wache schoben. Sie gab sich alle Mühe, eine Unschuldsmiene aufzusetzen.

»'n Abend.« Er zögerte kurz und sah sich um, konnte jedoch auf Anhieb keinen Grund für das abendliche Herumstehen der beiden erkennen. Mit hoch gezogenen Augenbrauen setzte er seinen Weg zur Rezeption fort.

Zur gleichen Zeit zog noch jemand die Augenbrauen hoch. Jemand, der von seinem Büromonitor aus direkten Einblick in OP 17 hatte. Erstaunt beugte sich Müller-LaRousse auf seinem Bürostuhl vor. »Was ist das denn?!«

Vor dem großen Schaltpult, das an der Rückwand der geräumigen Rezeption angebracht war, hatte sich bereits der Nachtportier eingefunden.

Schinder steuerte direkt auf ihn zu. »Sagen Sie, ist Müller-LaRousse noch da? Ich müsste ihm dringend –« Sein Blick fiel auf die hell leuchtende Kontrolllampe neben der Beschriftung ›OP 17‹. »Ach, ist der noch bei der Arbeit?«

Der Portier wandte sich überrascht um. »Komisch, ich hätte schwören können ...«

Auf der anderen Seite der Scheibe winkte Schinder ab. »Ist schon gut, ich sehe selber nach.« Seine schnellen Schritte hallten über den leeren Korridor, als er entschlossen zurück zum OP marschierte.

»Doktor Schinder kommt zurück!«, rief eine der Schwestern, die ihn bereits erblickt hatte, durch die Tür in den außerplanmäßig besetzten OP. Und dann entschloss sich die rundliche Asiatin kurzfristig zu einem Präventivschlag.

Mit geschäftiger Miene trabte sie dem strengen Bürokraten entgegen. »Guten Abend, Herr Doktor Schinder. Ich nicht finden Wäsche von Zimmer 405 und 408, wissen Sie, wo die sind ...«

Indigniert sah Schinder die korpulente Schwester an, die sich da so dreist vor ihm aufgebaut hatte. »Was weiß ich denn, wo Sie die Wäsche hingetan haben?«, blaffte er sie an und versuchte, sie beiseite zu drängen.

Da griff die Filipina zu einer Taktik, von der sie sich bei Schinder einigen Erfolg versprach, während sie ihm erneut ihre sämtlichen Pfunde in den Weg schob. »Aber wo sind rotes Formular? Ich brauche ...«

»Hören Sie, Schwester.« Der Arzt war nun so erbost, dass er immerhin einen Augenblick stehen blieb. »Ich bin doch nicht zuständig für diese Dinge!« Er umrundete sie und setzte seinen Weg fort. Nur noch wenige Meter trennten ihn von der Tür zu OP 17.

»Aber ... Moment, Herr Doktor!« Hilflos musste sie zusehen, wie Schinder mit beiden Händen die Griffe der Flügeltüren umschloss.

»Kollege Schinder!«

Der Angesprochene zuckte erschrocken zusammen und wandte sich um. Mit wehendem Kittel schwebte Müller-LaRousse über den Flur auf ihn zu.

»Ach, äh ... Herr Professor«, stammelte Schinder peinlich berührt und wich von der Tür zurück, fast so, als würde ein unsichtbarer Magnet ihn fortziehen.

Gleichzeitig entspannte sich drinnen die Lage ein wenig. Das gesamte OP-Team lag zusammenkauert auf dem Fußboden, nachdem es im letzten Moment den Eingriff erfolgreich abgeschlossen hatte. Vorsichtig spähten Lee und Jo über den Behandlungstisch. Doch ein erneutes Geräusch an der Tür ließ sie zurück auf den Boden sinken. War Schinder etwa doch noch einmal zurückgekommen? Nein, es war Müller-LaRousse höchstselbst, der nun den OP betrat, nachdem er seine kurze Unterredung mit Schinder beendet hatte. Er betätigte einen Schalter, und sofort erstrahlte jede Ecke des chromblitzenden Saales in gleißendem Licht, doch von seinen illegalen Benutzern war weit und breit nichts zu sehen.

Lässig lehnte sich der Professor an den Türrahmen und drückte den Knopf der Gegensprechanlage. »Ach, Kollege Hauser«, hallte es durch den OP, »kommen Sie doch bitte gleich mal zu mir ins Büro.« Sprach's und ging hinaus.

»Herr Professor, ich weiß, dass es nicht korrekt gewesen ist.« Jo fühlte sich wie ein Angeklagter vor Gericht, obwohl oder gerade weil Müller-LaRousse noch kein Wort gesagt hatte, seit der ungehorsame Jungarzt dessen Büro betreten hatte.

Eine breite Bücherwand erstreckte sich hinter dem mit Unterlagen überhäuften Schreibtisch bis zur Decke. Vermutlich voll gestopft mit neuester Forschungsliteratur, wie Jo annahm. Er schüttelte unmerklich den Kopf. Was wussten diese ganzen Schinken schon von Menschlichkeit und Würde? Vielleicht war sein Verhalten nicht »korrekt«, zumindest nach Schinders Definition des Wortes, aber zumindest war es richtig gewesen.

»Das Kind hatte einen Schädelbasisbruch«, erklärte er hastig, und dann ein wenig aufgebrachter: »Das war ein dringender Notfall!« Er machte einen kleine Pause. »Dann schmeißen Sie mich doch raus, nur weil ich irgendwelche beschissenen Vorschriften nicht befolgt habe!«

Ungerührt musterte Müller-LaRousse ihn von seinem Schreibtisch aus – und wechselte dann das Thema: »Ich hab Ihr Forschungsprojekt gelesen.«

Jo starrte ihn mit offenem Mund an. »Meine Einreichung?«

»Ihre Arbeitshypothese ist natürlich völlig albern und wissenschaftlich ohne Wert. Lesen Sie mal MacMillan!« Die durchdringenden Augen des Arztes fixierten ihn so, dass Jo es nicht einmal wagte, sich zu bewegen, es vermutlich auch gar nicht konnte. »Ihre Idee mit Acetylcholin allerdings ...«

»A ... Aber meine Einreichung wird beweisen ...« Jo merkte, dass er im Augenblick nicht darauf vorbereitet war, sein Projekt zu verteidigen.

»An Irrtümern kann man wachsen«, erwiderte der renommierte Mediziner ernst. »Auf ihnen zu bestehen, das zeichnet Versager aus. Ich habe jetzt keine Zeit, das länger mit Ihnen zu diskutieren. Aber kommen Sie doch Mittwochabend mal vorbei: Wir haben da einen informellen Jour fixe wissenschaftlich interessierter Kollegen. Diese Woche ist, glaube ich, John Kershaw zu Gast.« Er erwähnte den Namen so beiläufig, als ginge es um den letzten Tagesordnungspunkt in einem langweiligen Routinemeeting.

»Kershaw? Der Neurologe? Der Nobelpreisträger?«, stammelte Jo fassungslos.

»Ja, ja. 1992.« Müller-LaRousse schlug ungeduldig die Augen nieder, ob aus verstecktem Neid oder weil ihm der Umgang mit solchen Koryphäen selbstverständlich war, vermochte Jo nicht zu sagen. Er fühlte, wie ein triumphierendes Gefühl ihn erfasste. Seilte Müller-LaRousse womöglich gerade eine Strickleiter ab, auf der er, Jo, in den Olymp der weißen Götter hinaufsteigen durfte? »Könnte interessant werden für Sie«, fügte der Professor hinzu und erhob sich.

»Äh, ja … und wegen der Sache im OP 17 …«

»Regeln sind für Schwache«, entgegnete Müller-La-Rousse mit einem verschwörerischen Augenzwinkern.

Jo hatte sich vorgenommen, sich möglichst unsichtbar im Hintergrund zu halten. Er fand, wenn einem der Göttervater den kleinen Finger reichte, sollte man ihm vor Begeisterung nicht gleich den ganzen Arm ausreißen. Außerdem war ihm sowieso etwas mulmig zu Mute. Das große Wohnzimmer in der Villa von Müller-LaRousse wimmelte nur so von kompetenten und selbstbewussten Medizinerinnen und Medizinern, die um einen älteren Mann mit wallendem weißem Haar und Vollbart herumsaßen oder mit einem Glas Sekt in der Hand lässig dastanden.

»… so we just implanted an electrode in the subthalamian zona incerta and thus interrupted the tremor by electrical stimulation«, berichtete der entfernt an Albert Einstein erinnernde Wissenschaftler gerade seinen faszinierten Zuhörern. Tatsächlich, das war der Nobelpreisträger John Kershaw.

»That means, you did not use any medication?«, ließ sich jetzt Müller-LaRousse aus seinem Samtsessel vernehmen.

»Exactly! The simplest solutions are always the best!«, bestätigte Kershaw.

Jo lächelte still vor sich hin. Nicht über den Scherz des überaus bescheidenen Nobelpreisträgers, sondern vielmehr über ein Gespräch mit Lee, das ihm gerade durch den Kopf ging.

Die junge Frau hatte ihm erzählt, dass sie »zu Hause in Philippines« auch Medizin studierte und in Deutschland die modernen Errungenschaften auf diesem Gebiet kennen lernen wollte. »Maschinen von hier und Tradition von Philippines, zusammen sehr gut«, hatte sie gesagt. »Dann kannst du mir ja vielleicht auch was beibringen«, hatte Jo vorgeschlagen, woraufhin sie ihm die Hand auf die Brust gelegt und gesagt hatte: »Gutes Herz wichtig. Herz von kranken Menschen und Herz von Arzt.«

»Thank you, Mister Kershaw«, sagte Müller-LaRousse jetzt. »It was a pleasure to have you here. Und wie man an den Nobelpreis kommt, das werden wir schon alleine rausfinden! ... Bevor's jetzt 'ne kleine Erfrischung gibt, liebe Brüder, möchte ich euch noch den Kollegen Joachim Hauser vorstellen.«

Jo schreckte aus seinen Gedanken hoch. Hatte da eben jemand seinen Namen gesagt?

»Hauser ist AIPler und hat eine sehr interessante These zum Acetylcholin-Problem. Vielleicht kann er ja mal bei Gelegenheit dazu referieren. Ein hoch begabter junger Mann.«

Der hoch begabte junge Mann sah Müller-LaRousses ermunternden Blick auf sich gerichtet, dem innerhalb kürzester Zeit auch alle anderen Blicke gefolgt waren. Gehemmt hob er die Hand und hauchte mit Betonung auf dem »o« und so leise, dass es ausschließlich der unmittelbar vor ihm sitzende Allgemeinmediziner hören konnte: »Hallo.«

Zu Jos Erleichterung hatte Müller-LaRousse im Augenblick nichts mehr über ihn zu sagen, sodass man nach dem Forschungsvortrag nun zum gemütlichen Teil des Abends übergehen konnte. Im Handumdrehen erfüllte das Gemurmel zahlreicher Gespräche den Raum.

»Superpeinlich, was?« Jos Kopf ruckte herum. Neben ihm stand die Elfe, die ihm schon vor einigen Tagen auf dem Treppenaufgang im Krankenhaus aufgefallen war. »Charles ist so süß, der merkt das gar nicht.« Sie kicherte wie ein kleines Mädchen, das auf dem Schoß des Weihnachtsmannes sitzen durfte. »Ich bin Viktoria.« In ihrem hochgeschlossenen cremeweißen Pulli, unter dem sich schemenhaft ihr schwarzer BH abzeichnete, und in dem dunklen, halblangen Rock sah sie seltsam konservativ und sexy zugleich aus. »Komm, ich stell dich der Gruppe vor.«

Jo konnte gerade noch den Blick von ihrem raffinierten Pulli lösen und verständnislos »Gruppe?« fragen, da wurde ihm diese auch schon vorgestellt. Viktoria zog ihn zu einer Sitzgarnitur in der Mitte des Wohnzimmers, wo einige Nachwuchsärzte saßen und sich lautstark gegenseitig aufs Korn nahmen.

»Das Forschungsteam«, verkündete sie strahlend. Die sieben Jungs und Mädels verstummten und sahen neugierig auf. »Assistenzärzte aus verschiedenen Abteilungen. Wir arbeiten mit Charles.« Sie drückte den verdatterten Jo in den einzigen freien Sessel und schwang sich dann neben ihn auf die Lehne, die Beine selbstbewusst übereinander schlagend.

Mit der Stiefelspitze deutete sie auf einen ernsten jungen Mann, der eine eckige schwarze Designerbrille trug. In seinem beigefarbenen Pullover mit V-Ausschnitt und der weißen Hose sah er aus, als wäre er soeben vom Golfplatz gekommen. »Hagen – Plastische Chirurgie«, erklärte Viktoria und erhielt dafür von diesem ein neckisches Zwinkern.

»Wulf, Connie und Alexandra.« Sie deutete auf zwei Männer und ein dunkelhaariges Mädchen. »Neurologen.« Die drei nickten Jo freundlich zu.

Weiter ging es mit »Kurt – Orthopädie« und »Sven – Neurochirurg«. Aha, ein Kollege, dachte Jo und musterte Sven aufmerksam. Der junge Mann mit den melancholischen blauen Augen fuhr sich nervös durch sein blondes Haar.

»Gregor, unser genialer Biomechaniker«, fuhr Viktoria unterdessen fort. Gregor war ein muskulöser Typ mit kurz geschorenen dunklen Haaren und entschlossenem Blick, der grinsend neben Jo saß und ihn unverwandt musterte.

»Und am allerwichtigsten«, die hübsche junge Frau zeigte auf sich selbst, »Viktoria – Anästhesie und Biochemie.«

Die Jungärzte lachten amüsiert.

»Ja, und ich«, krächzte Jo, »bin Jo Hauser, Station 6.«

»Ein frischer Neurochirurg in der Loge. Dann können wir unseren alten ja endlich wegwerfen«, feixte Hagen unter dem Gelächter seiner Kollegen.

»Witzig, witzig«, murmelte Sven beleidigt.

Doch Jo hatte etwas anderes an Hagens Bemerkung irritiert. »Loge?«, fragte er unsicher in die Runde.

»Antihippokraten«, präzisierte Hagen nicht ohne Stolz und rückte seine getönte Brille zurecht, bevor er Jo seine zur Faust gekrümmte Hand entgegenstreckte. An seinem kleinen Finger prangte ein goldener Ring, auf dem drei Buchstaben eingraviert waren. »AAA! Age Actabile Antihippocrate: Mach das Machbare!«

»Antihippokraten?« Jo blickte beklommen in die selbstsicheren Mienen. Die Antihippokraten, das war doch so 'ne verschworene Gemeinschaft, die gegen jedes ethische Bedenken und somit illegal forschte, schoss es ihm durch den Kopf. »Ich dachte, die gibt's nicht mehr …«, sagte er zögernd, »… oder sie sind verboten?«

»Huuuuuh«, säuselte Viktoria ihm ins Ohr, sodass Jo erschrocken zusammenzuckte. »Verboten, hm?«

»Was?! Verboten?« Kurt tat, als hätte er soeben eine schockierende Neuigkeit erfahren, und blickte mit gespieltem Entsetzen um sich. »Warum hat mir das niemand gesagt?!«

Die anderen lachten.

»Du kannst uns ja anzeigen«, schlug Gregor, der mit dem Terrier-Haarschnitt, vor.

»Na ja«, meinte Jo ausweichend. Plötzlich kam ihm der gemütliche Samtsessel doch irgendwie ziemlich hart vor. »Da war doch vor zwei Jahren dieser Fall in Heidelberg ...«

»Dieser Verrückte, der seine Freundin und ihren Liebhaber umgebracht hat.« Viktoria hatte offenbar ebenfalls davon gehört. Und nicht nur sie.

»Das mit der Loge ist total hochgespielt worden, völlig lächerlich!«, ereiferte sich Wulf, der offenbar keinen Zusammenhang zwischen der Tat jenes Verrückten und seiner Zugehörigkeit zu einer wissenschaftlichen Verbindung sah.

»Dass er auch Mitglied beim ADAC war, hat natürlich niemand geschrieben.« Damit hatte Kurt sicher Recht, wie ihm auch das zustimmende Gelächter der anderen bestätigte.

»Du nimmst es mit der Hausordnung doch auch nicht so genau, wie man hört.«

Bevor Jo etwas auf Viktorias Anspielung erwidern konnte, erntete er bereits zwei anerkennende Worte von Wulf: »Coole Aktion!«

»Respekt«, pflichtete Gregor ihm bei.

»Forschen unter Aufsicht einer Ethikkommission.« Hagen machte ein Gesicht, als hätte er unter dem Tisch gerade eine tote Ratte entdeckt. »Völlig witzlos ...«

Jo kam zu dem Schluss, dass man aus einem verdammt harten Holz geschnitzt sein musste, um hier dazuzugehören.

»Formulare!«, äffte Kurt Schinders Stimme nach.

»Als Wissenschaftler muss man Regeln brechen und Grenzen überschreiten«, führte Hagen seine leidenschaftliche Ansprache fort. »Was radikal Neues wagen. Hier in der Loge kannst du deine Ideen mit kompetenten Leuten diskutieren, kriegst Anregungen, als Junger manchmal sogar finanzielle Hilfe …«

»… und der Trick bei nicht genehmigten Versuchen ist: Du *musst* erfolgreich sein. Dann fragt dich auch kein Mensch mehr, woher du deine Ergebnisse hast«, fügte Viktoria hinzu.

»Und wir *sind* erfolgreich, ja!«, rief Gregor von der anderen Seite.

Jo fühlte sich irgendwie eingekeilt zwischen so viel Leidenschaft und Forscherehrgeiz. Oder war es dieses kollektive Selbstbewusstsein, das ihn einschüchterte? Und dann schwebte über diesen »Antihippokraten« auch noch die schützende Hand eines hochgelobten Forschers.

»Charles ist ein Genie«, sagte Hagen, als habe er Jos Gedanken gelesen.

Eine sanfte Berührung am Arm riss ihn aus seiner ehrfürchtigen Starre. »Morgen gibt's 'ne OP im 17er. Hast du Lust?«, fragte Viktoria.

Überrascht sah Jo zu ihr auf. »Klar. Aber was genau macht ihr eigentlich in eurer Forschungsgruppe?«

Eine Antwort auf seine Frage nach dem geheimnisvollen Forschungsgegenstand der Loge bekam Jo im Operationssaal.

»Zieh mal Hose und Schuhe aus und setz dich da vorn auf den Tisch«, forderte Viktoria ihn auf.

»Wie jetzt?«, stotterte Jo. Er sah an sich hinunter und dann zum Operationstisch hinüber, auf den Viktoria gezeigt hatte. OP 17 und ein Teil seiner Ausstattung waren ihm ja bereits bekannt. Was er jedoch hier sah, war für ihn vollkommen neues medizinisches Terrain: Verstärkter Einsatz von Computern erlaubte hochsensible Messungen, es gab anatomische Modelle von feinster technischer Verarbeitung.

Wie er erfuhr, ging es in Müller-LaRousses Projekt um künstliche Muskeln, die nicht alterten und nicht ermüdeten und in naher Zukunft zu einer 400-prozentigen Leistungssteigerung führen konnten. Behauptete zumindest Viktoria. Die synthetischen Muskelpartien wurden hier von der Gruppe entwickelt und getestet.

Die selbstbewusste junge Dame kam jetzt mit mehreren Elektroden auf ihn zu, die durch lange Drähte mit einem Herz-Kreislauf-Gerät verbunden waren. Sie schubste ihn leicht gegen den Tisch. »Du willst doch zur Gruppe gehören, oder nicht?«, fragte sie. Ihr Lächeln war die reinste Herausforderung.

Vollkommen überrumpelt stolperte Jo rückwärts; nervös suchten seine Hände an der Tischkante Halt. »Ich weiß nicht. Wieso?«, stotterte er, während er zusah, wie Viktoria ihm gerade den Pullover hoch und die Hose nach unten zog. Dabei fachsimpelte sie in ihrem einlullenden Säuselton: »Amputationen, Polio, neurogene Muskelkrankheiten«, es war, als zählte sie Eissorten auf, »nach Jesus ist Charles der Erste, der Lahme wieder gehen lassen wird.«

Da stand er nun in seiner uncoolen, blau-weiß gemusterten Unterhose. Er machte einen schwachen Versuch, den

Elektroden auszuweichen, die Viktoria vor ihm hin und her schwenkte. Doch da er die Tischkante bereits hart im Rücken spürte, manövrierten ihn seine Ausweichmanöver lediglich auf den OP-Tisch hinauf.

Genau dort wollte sie ihn haben. Viktoria beugte sich vor und küsste eine seiner Brustwarzen, um anschließend auf der angefeuchteten Stelle eine der Elektroden zu befestigen.

Jo fühlte, wie der Schreck, den sie ihm mit ihrem forschen Vorgehen versetzt hatte, nahtlos in Erregung überging. Reizüberflutung, wie der Mediziner sagte. »Sag mal, was wird das jetzt? Eine Untersuchung oder Sex?«

»Beides – wollen wir doch hoffen!« Unter Einsatz ihrer Zunge befestigte Viktoria auch die übrigen Elektroden auf seiner Brust. »Wir verbinden hier gern das Nützliche mit dem Angenehmen.« Als sie mit der Verkabelung seiner Brust fertig war, zog sie unter dem EKG-Gerät drei weitere Elektroden hervor, an denen sich kurze, wie starre Kondome wirkende Gummischläuche befanden. »Klein, mittel oder groß?«, fragte sie neckisch.

»Neee.« Jo lachte ungläubig auf. Viktoria wollte doch jetzt nicht etwa die Leistungsstärke seines Schwanzes messen?

Ohne eine Antwort abzuwarten, schob sie ihre Hand in seine Unterhose, während er in ihren riesigen blauen Augen fast zu versinken drohte. Und schon hatte sie ihm mit routinierten Handbewegungen das Elektrodenkondom übergestreift.

Jo zuckte zusammen. Bei der saß ja wirklich jeder Griff. Alle Bedenken, die er vielleicht jemals gegen diese Art von Doktorspielchen gehabt hatte, gingen sang- und klanglos im angenehmen Adrenalinrausch unter, der ihn mit sich fortschwemmte.

»Mittel, würde ich sagen. Oder doch ... groß?« Sie grinste frech, bevor sie sich vorbeugte, um ihn auf den Mund zu küssen. »Sag mal, Kollege, hast du eigentlich schon mal physisch richtig guten Sex gehabt?« Viktoria trat einige Schritte zurück, fasste unter ihren langen Rock und brachte einen Schlüpfer aus schwarzer Spitze zum Vorschein, den sie achtlos zu Boden warf. Als sie sich Jo, der sie gespannt beobachtete, wieder zuwandte, hatte sie eine Impfpistole in der Hand. Mit schnellen Schritten trat sie auf ihn zu.

»Was ist das?« Jo wand sich unter dem gnadenlosen Sexappeal, den sie verströmte, aber da war es schon passiert. Er spürte den unangenehmen Einstich an seinem Hals. »Au, spinnst du?«, fuhr er Viktoria an. Doch bevor er sich fragen konnte, was sie ihm wohl injiziert hatte, fühlte er es schon durch seine Adern schießen. Sein Körper fühlte sich mit einem Mal unglaublich gut an. Jede Sehne, jeder Muskel war hellwach. Und plötzlich ging ein irrer Sound in seinem Kopf ab, trieb ihn an. Aus seinem anfänglichen Zögern wurde ein Vorwärtsdrängen: Er neigte sich vor und umschlang Viktorias Hüften, um die Verführerin zu sich auf den Tisch zu ziehen.

Physisch richtig guten Sex ... Viktorias Worte hallten in seinem Kopf wider, der auf einem weichen Kissen zu liegen schien, obwohl da nur die flache, harte Metallplatte unter ihm war ... und über ihm die blonde Versuchung, mit weit aufgerissenen Augen, die ekstatisch glänzten. Unerbittlich wurde er dem Höhepunkt entgegengeschleudert. Dorthin, und noch viel weiter ... Und mitten in diesem nicht enden wollenden Rausch musste er zugeben, dass er bisher tatsächlich noch keinen physisch richtig guten Sex gehabt hatte.

3

Am nächsten Morgen konnte er kaum laufen. Der Bereich zwischen seinen Beinen schien ein einziges wund gescheuertes Etwas zu sein. O-beinig betrat er die Kantine.

»Morgen, Doktor Joe. Nachtdienst?«, begrüßte Lee ihn im Vorbeigehen sarkastisch.

Da ihm auf Anhieb keine passende Antwort einfiel, reihte er sich verschämt in die Schlange vor der Vitrine mit den belegten Brötchen ein. Mit seinem Frühstückstablett stelzte er danach zu einem Tisch am Fenster, an dem Viktoria saß und ihren Jogurt löffelte.

»Ah, Kollege! Heute weite Hosen?« Die Schadenfreude triefte auch aus ihrer Stimme. »War ja auch ziemlich heftig letzte Nacht.« Sie faltete ein Blatt Papier auseinander und legte es vor Jo auf den Tisch: Es handelte sich um eine Art Kardiogramm, eine Aufzeichnung der Herz-Kreislauf-Frequenz irgendeiner Testperson, die im Wesentlichen eine wild gezackte, blaue Linie zeigte, deren kurz aufeinander folgende sechs höchste Punkte mit roten Kringeln markiert waren.

Plötzlich begriff Jo, was das war: Eine wissenschaftliche Auswertung der letzten Nacht! Und die Testperson war er gewesen.

»Guck dir das mal an.« Sie deutete auf ein schwarzes Filzstift-Kreuz mitten auf der blauen Linie, hinter dem ebendiese heftig auszuschlagen begann. »Bei dem schwarzen Kreuz hab ich dir Andromin gespritzt, und deine Orgasmen hab ich jeweils rot eingekringelt. Sind Superwerte!«

»Andro-was?«, fragte Jo verständnislos.

»Andromin«, wiederholte die junge Ärztin und zerlegte den Begriff geduldig in seine medizinischen Bestandteile: »Adrenalin, um auf Touren zu kommen, Endorphin zum Glücklichsein, Serotonin zum Wohlfühlen. Selbst entwickelt«, fügte sie stolz hinzu. »Und deshalb füll mir doch bitte diesen Fragebogen aus.« Sie schob ihm grinsend ein Formular über den Tisch. »Bitte medizinisch präzise Angaben. Und übrigens: Hast du 'ne Ahnung, wo mein Höschen hingekommen ist?«

Jo sah von dem Fragebogen auf. »Das hab ich meinem Bruder geschickt.«

Im Waschraum von OP 17 bekam Jo Tipps zur Behandlung seines überanstrengten Gemächtes.

»Schmier dir den Schniedel mit Babymilch ein, das hilft«, versicherte Kurt ihm grinsend, während er seinen roten OP-Dress glatt strich und sich eitel im Spiegel über dem Waschbecken betrachtete.

Gregor, der sich gerade die Gummihandschuhe überstreifte, hatte noch einen anderen Rat: »Häng ihn in Salbeitee, das hat bei mir gewirkt.«

Der geschundene Neuzugang nickte ergeben. Anscheinend hatte hier jeder schon einmal den Andromin-»Leistungstest« am eigenen Schwanz erfahren. Vielleicht so etwas wie ein Aufnahmeritual …

Als sie den OP betraten, warteten dort bereits Viktoria und Wulf. Letzterer saß mit nacktem Oberkörper auf einem der Operationstische. »Hey, Jo!«, begrüßte er ihn frotzelnd. »Pass bloß auf: Patient schneidet zurück!«

»Wulf, was fehlt dir denn?«, fragte Jo den vermeintlichen Patienten erschrocken.

»Er zieht sich immer aus, um mit seinem Body anzugeben«, sagte Kurt ironisch. »Alles Fake.«

»Wulf hat bereits acht synthetische Muskeln«, erklärte Hagen, der mit der auffälligen Designerbrille, geschäftsmäßig wie immer. »Heute komplettieren wir mit den beiden Trizeps seinen Oberarm-Schulter-Komplex. Sieh her.« Er zeigte auf Wulfs linken Arm, den dieser wie ein Bodybuilder erhoben hatte, um in beeindruckender Weise mit seinen Muskeln zu spielen.

Jo verstand nicht ganz.

»Selbstversuche«, klärte Hagen ihn auf, als handelte es sich um einen Elitesport. »Wir brauchen junge, kräftige und gesunde Testobjekte.«

»Synthis funktionieren im Prinzip genauso wie natürliche Muskeln: Titanfäden, Silikon, Kollagen, synthetische Myophilamente …«, führte Gregor weiter aus.

Jo nickte beeindruckt. ›Synthis‹, künstliche Muskeln, ein unerschöpfliches Ersatzteillager für Menschen mit Muskelerkrankungen. Menschen wie Willi. Klar, dass die Forschungsgruppe damit im neuromuskulären Bereich ganz vorn lag, wie Viktoria ihm begeistert erklärt hatte.

Neben ihm nahm Hagen einige Zeichnungen zur Hand,

auf denen solche Synthis abgebildet waren: Dunkle, elastische Muskelstränge, deren Leistungsfähigkeit man auf den Bildern nur erahnen konnte. Er zeigte sie dem verblüfften Neuling. »Für die Dauer des Projekts implantieren wir sie direkt neben den natürlichen Muskeln und schließen sie an deren Nervenbahnen mit an – du kannst sie also gemeinsam mit deinen eigenen bewegen.«

»Oder anstatt!«

Alle drehten sich um.

Müller-LaRousse hatte den OP betreten und gesellte sich nun zur Gruppe, die ihn kumpelhaft begrüßte. Während die anderen Jungärzte emsig mit den Vorbereitungen für die bevorstehende OP begannen, nahm der Professor Jo beiseite und raunte ihm zu: »Sie denken an Ihren Bruder?«

Der junge Mann spürte die Frage wie einen Stich in seinem Herzen. »Woher wissen Sie –?«

»Spinale Atrophie, erbliche Muskelschwäche? Der Vater, der Bruder ... Der eine kriegt's, der andere hat Glück ...«, sagte Müller-LaRousse.

»Mein Vater ist daran gestorben«, sagte Jo zögernd. »Und Willi dabei zuzusehen, wie es sich bei ihm ausbreitet ... das ist so ungerecht.«

Der Professor wusste, dass er bei Jo einen wunden Punkt getroffen hatte. »Es wäre doch nicht gerechter, wenn Sie auch daran erkrankten.« Er sah ihn beschwörend an. »Es wäre gerecht, wenn Sie für die Heilung Ihres Bruders kämpften. Wer weiß: Nichts ist unmöglich, und am Ende des Tages ist alles heilbar.«

Die Worte des Mediziners sprachen dem engagierten AIPler direkt aus der Seele. Zum ersten Mal fühlte er sich verstanden, verstand einer, warum er das alles hier eigentlich machte, die ganze »Medizinkacke«, wie Willi immer so eigenwillig zu sagen pflegte. »Deswegen bin ich hier …« Jos Stimme überschlug sich fast vor Aufregung. »Ich … es ist nämlich kein Zufall, dass ich –«

»Das stimmt. Es ist kein Zufall, dass Sie hier an die Klinik gekommen sind. Wir haben Sie beobachtet …« Der Professor wandte sich plötzlich um und erhob seine Stimme über den weitläufigen OP 17: »Wo geht's lang?«

»Voran!«, scholl ihm die mehrstimmige Antwort entgegen. Ein Leuchten lag auf jedem einzelnen Gesicht, einige der Nachwuchsmediziner hatten die Siegerfaust erhoben. Wie Jo damals im Auto, als er Willi und sein Zuhause hinter sich ließ – als er auszog, um seinen kleinen Bruder zu heilen.

Der Professor drehte sich wieder zu Jo. Ein Skalpell funkelte in seiner Hand. Jo fragte sich, wo er es auf einmal herhatte.

Müller-LaRousse hielt dem jungen Mann das Operationswerkzeug auffordernd hin. »Machen Sie sich mitschuldig. Wenn, dann wollen wir doch gemeinsam die Zulassung verlieren.«

Zögernd nahm Jo das Skalpell entgegen.

»Dieser kleine Wichser … Hat es tatsächlich geschafft.« Mit einem anerkennenden Grinsen blickte Dirk der kleinen Gruppe nach, die an der Rezeption des Krankenhauses vorbeizog.

Das Schlusslicht des weiß gekleideten Hofstaats um Müller-LaRousse bildete Jo. Er hatte Dirks bewundernden Blick bemerkt und machte einen kleinen dilettantischen Ballettsprung.

Jetzt tanzt er also mit in Schwanensee, dachte Dirk.

Wenig später trabte die Gruppe, mittlerweile in Sportbekleidung, leichtfüßig die Treppenstufen vor dem Krankenhauseingang hinunter. Jo folgte ihnen auch hier als Letzter in den großzügig angelegten Park vor der Klinik.

Er trug seine grasgrüne Trainingsjacke und war guter Dinge. Während sie sich mit ein paar Dehnübungen zwischen den hohen Bäumen warm machten, wurde er in die implantierten Geheimnisse seiner Mitbrüder und -schwestern eingeweiht: »Die meisten haben ihre Synthis im Arm-Schulter-Bereich«, sagte Viktoria, deren Beine in der eng anliegenden Sporthose mal wieder optimal zur Geltung kamen. »Hagen zum Beispiel hat seine in den Händen. Das war eine irre Fummelei, aber tolle Ergebnisse! Alexandra die Beine bis ganz rauf, die kann mit dem Hintern Nüsse knacken.«

Jo beäugte verstohlen Alexandras Hintern, den diese ihm gerade beim Stretching ihrer synthetischen Beinmuskeln entgegenstreckte. »Und Kurt? Auch die Beine?«

»Rate mal!«, forderte Kurt ihn überlegen grinsend auf. Gleichzeitig begann sich wie auf Knopfdruck seine blaue Trainingshose an einer ganz bestimmten Stelle nach vorne auszubeulen.

Das gibt's ja wohl nicht, dachte Jo und lachte verblüfft auf. Schön, wenn man die Fernsteuerung für den eigenen Schniedel in der Hand hatte!

»Hey, 'n Fußballer!«, rief Müller-LaRousse, der gerade herangejoggt kam und Jos Fußballschuhe in Augenschein nahm.

»Klar!«, bestätigte dieser. »MSV-Unter-21. Ich war Torschützenkönig 1994.«

»Sehr gut«, lobte der Professor, »ein Winner. Ich hab gern Winner in meiner Gruppe.«

»Wer mit Charles arbeiten darf, ist auf jeden Fall ein Winner!« Der Satz kam von Strahlemann Hagen, und er hätte sicherlich zu weiteren Lobeshymnen auf den genialen Professor und seine Verdienste auf dem Gebiet der Neurotransplantation ausgeholt, hätte Müller-LaRousse in diesem Moment nicht Sven entdeckt, der in Jogginghose und seinem grauen Kapuzenpulli träge über die Wiese gelaufen kam.

»Ah, da kommt ja auch unser Svennie-Puuh!«, rief Müller-LaRousse neckend. »Hallo, Puuh-Bär, na hopp, auf!« Er spurtete voraus, und die kleine Gruppe setzte sich ebenfalls in Bewegung. »Hagen, wollen Sie mit mir vorne laufen?«

Was für eine Frage! Natürlich wollte Hagen mit dem geistigen Vater der unvergänglichen Muskelkraft vorne laufen. Federnd überholte er Sven und Jo, die sich als Letzte der joggenden Gemeinschaft anschlossen.

»Na, willst du in die Gruppe rein?«, fragte Sven seinen Kollegen aus der Neurochirurgie. »Mich haben sie ja schon abgeschrieben, hm?« Er imitierte ein Heulen, das einigermaßen selbstironisch rüberkam.

Jo blieb stehen. »Ich will dich auf keinen Fall verdrängen …«

»Nee, Quatsch. Du willst Karriere machen, hm? Wie Benny, hm? Frühe Testphase. Opfer der Wissenschaft. Ja, ja, ist gut.« Aus Svens Selbstironie troff nun doch Zynismus.

»Der Junkie, der sich umgebracht hat?«, erkundigte sich Jo, doch ihm entging, wie sich Svens Miene bei dieser Frage augenblicklich verdüsterte. »Ist schon scheiße. Aber da musst du dir bei mir keine Sorgen machen.« Erst jetzt bemerkte er Svens angriffslustigen Blick. »Sag mal, willst du mir das Projekt madig machen, oder was?«

Die Stimme des blonden jungen Mannes bekam mit einem Mal einen eindringlichen, fast flehentlichen Klang. »Ich muss dich treffen«, flüsterte Sven. »Es ist wichtig. Du bist in Gefahr. Wir sind alle in Gefahr. Das mit Benny … das war kein Selbstmord. Da hat jemand nachgeholfen …«

»Hey, Svenniiiie!«

Sven zuckte zusammen, als Gregor ihm von hinten die Hand auf die Schulter legte. Der hatte als Erster die Laufrunde beendet und war völlig aus der Puste.

Sven hatte sich sofort wieder gefangen. »Hey, what's up?«, gab er freundschaftlich zurück und legte dem Mitstreiter ebenfalls den Arm um die Schultern. »Wo geht's lang?«

»Alles klar?«, fragte Gregor mit einem unsicheren Seitenblick.

»Klar, wo geht's lang?«, wiederholte Sven herausfordernd.

»Voran, hä?«

Wie ein nervöser Schauspieler bei seinem ersten Bühnenauftritt erhob Sven die Faust. Es klang, als wäre er gerade gegen eine Mauer gerannt und würde nun versuchen, mit gebrochenen Gliedmaßen wieder aufzustehen: »Voran.«

Das Krankenzimmer, in dem Manni lag und wie immer ohne jede Regung in seinem porzellanhaft fahlen Gesicht an die Decke starrte, war in ein dämmriges Zwielicht getaucht.

»Aber, Manni! Warum haben sie dir denn die Bronchial-Lavage gestrichen?« Jo sah verwundert die Krankenakte des traumatisierten Patienten durch.

»Ich dachte, Sie sind zu Höherem berufen, als sich um Kassepatienten zu kümmern.« Schinder stand mal wieder in der Tür, um sich um seinen eigenwilligen AIPler zu kümmern.

»Haben Sie für Manni ein Finalstadium diagnostiziert?«, fragte ihn Jo daraufhin direkt, ja, fast streng.

Anstatt die Frage ebenso direkt zu beantworten, schlenderte Schinder in das halbdunkle Zimmer und sagte, auf Manni blickend: »Es gibt hier Regeln und Bestimmungen.« Er seufzte. Schließlich sah er Jo geradewegs in sein von Zornesfalten durchzogenes Gesicht. Schinders Augen waren von einem eigentümlichen, leidenschaftslosen Grauton, hatten beinahe etwas Resignierendes. »Ich möchte dem Kollegen Müller-LaRousse nichts unterstellen, aber ich warne Sie: Unethische Experimente sind kein Kavaliersdelikt.«

Der junge Arzt war mit dem Themenwechsel ganz und gar nicht einverstanden. »Das ist unfair. Manni ist nicht ...«

»Müller-LaRousse hat hier gewisse Privilegien«, unterbrach ihn Schinder barsch.

»Dadurch nehmen Sie ihm jede Chance!« Jo sprach im Gegensatz zu seinem Vorgesetzten immer noch von Manni.

»Aber wenn einmal etwas schief geht, dann ist er dran, und er wird Sie mit sich in den Abgrund reißen.«

»Hören Sie mir überhaupt zu?!« Jo brüllte jetzt fast. »Er ist noch so jung!«

Einen stummen Augenblick lang sah es so aus, als wollte Schinder dem aufgebrachten AIPler versöhnlich die Hand auf den Arm legen. Stattdessen landete sie auf dem direktesten Wege in der Seitentasche seines Arztkittels. Er blickte über Jos Schulter in die Akte, die dieser aufgeschlagen in den Händen hielt. »Hier, die letzten Werte: dramatische Verschlechterung der Vitalfunktionen. Wenn Sie eine Idee haben …« Im Hinausgehen setzte er zu einem letzten Versuch an, den rebellischen jungen Mann auf seine Seite zu ziehen: »Ich habe Prinzipien, so langweilig Ihnen das auch erscheinen mag. Nur so kann ich unseren Beruf überhaupt ertragen.« Er sah traurig aus. Für einen Moment befürchtete Jo, er würde auf der Stelle anfangen zu weinen. »Können Sie das verstehen? Es geht um Ihre Zukunft. Verkaufen Sie nicht Ihre Seele. Es wäre schade um Sie.« Damit schlurfte er hinaus auf den Korridor.

Während seine schwerfälligen Schritte allmählich leiser wurden, betrachtete der zurückbleibende Arzt den hilflosen Patienten vor ihm im Bett. Das nannte Schinder also unethisch: Forschung, die solchen Menschen, die dieser Bürokrat längst aufgegeben hatte, vielleicht wieder auf die Beine half. Wer verhielt sich hier eigentlich unethisch?

OP 17 und dessen Belegschaft indes kümmerten Schinders moralische Bedenken herzlich wenig. Müller-LaRousses Jünger waren bereits vollzählig versammelt, als Jo eintrat, und bemühten sich eifrig, die Welt zu verbessern.

»Nicht mit dem eigenen Muskel dagegenhalten«, wies Müller-LaRousse den trainierenden Wulf an, der, an ein Herz-Kreislauf-Gerät angeschlossen, auf der Liege saß und Hanteln stemmte. »So. Genau so. Sehr gut …« Der Professor, der die Bewegungen auf dem Bildschirm eines Laptops aufmerksam verfolgte, wirkte äußerst zufrieden.

»Wir haben einen Chip an der Intumestentia cervicalis implantiert, in der Testphase von außen zugänglich«, erklärte Müller-LaRousse dem Neuankömmling. Er bedeutete Wulf, ihnen, soweit es die langen Elektrodenkabel zuließen, seinen nackten Rücken zuzudrehen. Fasziniert starrte Jo auf die kleine rautenförmige Erhebung zwischen Wulfs Schulterblättern. Da war etwas … drin?

»Der Chip kontrolliert die gesamte Muskulatur unterhalb des sechsten Halswirbels, also auch all die natürlichen Muskeln«, fuhr der geschätzte Neurologe inzwischen fort. »Wir nennen ihn CNE: Central Neurological Enhancer. So können wir Synthis und Muskeln in der Eingewöhnungsphase von außen bewegen und synchronisieren.«

Das bedeutete, dass man die operierten Muskelpartien der Testperson per Laptop fernsteuern konnte! »Dreh mal auf Maximalgeschwindigkeit«, schlug Kurt grinsend vor.

Wulfs Bizepstraining begann mit einem Mal, sich rapide zu beschleunigen. Sein Unterarm mit der Hantel schnellte hektisch vor und zurück. Außerdem ballte er vier Finger zur Faust, sodass nur der Mittelfinger stehen blieb.

Ausgelassenes Lachen erfüllte den High-Tech-OP.

»Hier«, Müller-LaRousse zeigte auf eine Zahlenleiste am unteren Bildschirmrand, »die chemische Analyse: Wie Sie sehen, müssen wir noch muskelstimulierende Neurohormone zuführen. Viktoria, erhöhen Sie doch bitte die Endorphinkonzentration auf 2,1 Einheiten, Adrenalin auf 1,4. Wir stellen jetzt das normale Therapieprogramm ein. Sie kennen das ja schon, Wulf.« Mit der Maus führte er einen Befehl aus und legte den Laptop beiseite. Dann wandte er sich an Jo: »Na, was meinen Sie?«

Dieser konnte kaum an sich halten vor Begeisterung. »So was Geiles! Damit revolutionieren Sie die gesamte …«

»Nein, nein, nein«, unterbrach ihn der Professor ungnädig. »So war die Frage nicht gemeint.« Er formulierte sie neu: »Wo wollen Sie sich einen Synthi implantieren lassen?«

Einen Augenblick lang herrschte Stille in OP 17. Alle warteten gespannt auf die Reaktion des unbescholtenen schwarzhaarigen AIPlers.

»Na ja …«, begann Jo unsicher. Er breitete die Arme aus. »Ich mein, geht das überall? Und kann ich dann auch fliegen?«

Alle lachten.

Alle außer Wulf, der sich auf seiner Liege mit schmerzverzerrtem Gesicht an die Schulter griff.

Und Sven, welcher der Einzige war, der es bemerkte.

4

»Okay?«

»Okay.«

Wulf schaltete die Videokamera ein. In dem viereckigen Bildausschnitt sah er Jo im OP-Hemdchen mit baumelnden Beinen auf dem Operationstisch sitzen.

»Mein Name ist Joachim Hauser, geboren am 27.11.1974«, strahlte der junge Mann jetzt in die Kamera. »Ich erkläre im Vollbesitz meiner geistigen Kräfte, dass ich ausdrücklich um die Operation an meinen Waden gebeten habe, obwohl keine medizinische Indikation vorliegt.«

Das Experiment konnte beginnen.

»Es ist alles noch topsecret.« Mit leuchtenden Augen berichtete Jo der eher skeptisch dreinblickenden Lee von seinem neuen Nebenprojekt. Er senkte die Stimme und fuhr im Flüsterton fort: »Aber das sind bahnbrechende neue Möglichkeiten! Eine Revolution!«

»Macht ihr jemanden gesund?«, wollte Lee nur wissen.

Die ernüchternde Frage der Philippinin, die seine aufgeregte Schwärmerei auf das ihrer Meinung nach Wesentliche reduzierte, brachte Jo ein wenig aus dem Konzept. »Das ist Forschung!«, rief er irritiert. »Man kann nicht alles mit Hula-Hula-Medizin machen. Ich bin 'ne kleine Ruhrpott-Ratte und krieg einmal im Leben die Chance, ganz vorne mitzumischen!«

Lee drehte sich gekränkt von ihm weg. »Ich das alles schon mal gehört.« Sie tat so, als würde sie sich die Ohren zuhalten.

»Mann, Lee ...«, rief er halb rechtfertigend, halb entschuldigend. Doch sie sah ihn nicht einmal an.

»Können wir ihm trauen?«, fragte man sich zur gleichen Zeit in einem anderen Trakt des Krankenhauses. Der Therapie- und Fitnessraum war zu dieser Stunde für die Mitglieder der Loge reserviert.

»Jo, unserem neuen Superstar?«

Erleichtert über den ironischen Unterton in Gregors Stimme, der ihm die offizielle Erlaubnis zum Lästern zu geben schien, erwiderte Hagen: »So toll, wie Charles immer tut, ist er auch nicht.«

»Leistungssportler«, bemerkte Gregor knapp, während er seine eigene Leistung durch zähes Hanteltraining zu steigern versuchte. Er hielt den selbstverliebten Blick dabei starr auf seine beinahe schon kugelförmigen Oberarmmuskeln gerichtet. »Hast du seine Werte gesehen bei Reflexen und Motorik? Wir brauchen gute Körper für die Tests.«

Hagen, der die Armbewegungen seines Kollegen auf dem Laptop kontrollierte, schüttelte unwillig den Kopf. »Ich trau ihm nicht. Ich ... ich weiß nicht warum, aber ...«

»Mach dir mal keine Sorgen.« Gregor blickte auf. Ein bösartiges Lächeln umspielte seine Lippen. »Ich pass schon auf, dass uns keiner mehr durchdreht.« Und ohne mit der Wimper zu zucken, fixierte er mit den Augen einen Punkt an der gegenüberliegenden Wand. Er stemmte die Hantel ein letztes Mal mit geballter Kraft nach oben, sodass sie sich aus seiner Hand löste und gegen die Wand flog, in der sie krachend stecken blieb.

Leise rieselte der weiße Putz auf den Fußboden.

Etwas später versammelte man sich in OP 17, um Jos frisch operierte Beine zu begutachten.

»Nicht mit dem eigenen Muskel dagegenhalten. Ja, genau«, lobte Hagen. Der Musterschüler mit der schwarzen Brille hörte sich an wie ein schwaches Echo seines großen Vorbilds.

»Wahnsinn!«, rief Jo, der auf dem OP-Tisch saß und lachend auf sein kickendes linkes Bein starrte wie auf eine amüsante Kasperlefigur. »Ich mach gar nichts.« Das Bein kickte munter weiter unsichtbare Fußbälle durch die Gegend.

Viktoria begann, neben ihm einige Medikamente auf dem Tisch abzulegen. »Anabolika zum Aufbau des parallelen Muskelgewebes.« Anabolika, aha. Was Leistungssportlern verboten war, war für Antihippokraten anscheinend selbstverständlich. »Die beiden«, sie hielt zwei kleine weiße Schachteln hoch, »gegen Abstoßungsreaktionen. Dann noch synthetisches Endorphin, Adrenalin, Dopamin, Serotonin.«

»Wozu das Nierenpräparat?«, wollte Jo erstaunt wissen.

»Gegen die Nebenwirkungen der anderen Stoffe.« Es klang wie ein Witz, doch Viktoria meinte es ernst. Neben Jo auf dem Tisch stapelte sich bereits ein beträchtlicher Haufen aus kleinen weißen Kartons, eine ganze Festung gegen Nebenwirkungen. »Und die hier für die pharmazeutischen Versuchsreihen.« Sie drehte sich grinsend um, und – Jo glaubte es kaum – in ihren Armen lagen noch mehr Döschen und Packungen.

»Großartige Werte«, unterbrach Hagen die rege Pillenstapelei. »Das Leistungspotenzial liegt bereits jetzt bei 230 Prozent.«

»Das heißt, ich kann meine Beine schon wieder ganz normal gebrauchen? Zum Beispiel wieder kicken?«

Seine Kollegen, die sich sämtlich um Hagen und den Laptop geschart hatten, warfen Jo einen amüsierten Blick zu. Viktoria antwortete schließlich stellvertretend für die ganze Gesellschaft: »Wir sind doch alle große Fußballfans, oder nicht?«

»Na klar!«, kam es im Chor.

Als Hagen und Gregor das Büro von Müller-LaRousse betraten, in das der Professor sie beordert hatte, trafen sie diesen vor einem seiner bürointernen Kontrollmonitore an.

Hagen stellte sich neben ihn, um einen Blick auf den kleinen Bildschirm zu werfen, der an die Kamera angeschlossen war, die den Krankenhauseingang überwachte. Eine der beiden Personen auf dem Monitor erkannte er sofort: »Das ist ja Sven!«

»Heute Morgen«, nuschelte Müller-LaRousse zwischen zusammengebissenen Zähnen. Auf dem Bildschirm lief also eine Videoaufzeichnung.

Der Professor deutete auf die zweite Person. »Paula Henning. Hat vor zwei Jahren die gesamte Heidelberger Loge vor Gericht gezerrt, jetzt BKA, Abteilung Organisiertes Verbrechen.« Tiefes Seufzen. »Die große Antihippokraten-Jägerin.«

Hagen konnte seinen Blick nicht von dem Verräter losreißen. »Sven … Dieses Schwein! Wie kann er unsere …«

»… Unsere Experimente sind nicht genehmigt. Wenn er uns anzeigt, jetzt, kurz vor dem Durchbruch …« Müller-LaRousse und Hagen redeten sich gegenseitig in Rage.

»Wir müssen ihn aufhalten! Er darf nicht …!«

»Er würde uns alle vernichten. Man müsste ihm vielleicht …« Oder war es Müller-LaRousse, der Hagen in Rage redete? »… eine Lektion erteilen … ein für alle Mal …«

Hagen sah den verärgerten Professor erschrocken an. »Aber was … sollen wir etwa … aber ich kann doch nicht …«

»Sie wissen, Hagen«, begann der Professor in vertraulichem Tonfall, »ich liebe Sie wie einen Sohn. Also, wenn Sie das jetzt überfordert, dann kann ich auch einen Kollegen …«, er tat, als überlegte er für einen Moment. Er wusste, dass das Ergebnis seiner Überlegung Hagens Medizinerstolz empfindlich treffen musste: »… Jo! Vielleicht sollten wir ihn …«

»Nein, nein, nein, ich bin doch jederzeit bereit für …«, versicherte Hagen ihm sofort übereifrig. Sein erschrockener Gesichtsausdruck sprach Bände.

Der Professor schnitt ihm sogleich das Wort ab. »Nehmen Sie Gregor mit. Der ist gut für so was.«

Unterstützung heischend sah sich Hagen nach seinem Kumpel um, mit dem er hergekommen war und der seitdem noch kein Wort gesagt hatte. Gregor saß in einem Stuhl vor Müller-LaRousses Schreibtisch und glotzte Hagen kuhgesichtig an.

Währenddessen eilte der Professor hinter Hagen vorbei zur Tür. »Äh, von den Details möchte ich lieber gar nichts wissen«, sagte er schon halb draußen.

Hagen und Gregor, der inzwischen aufgestanden war, verließen ebenfalls das Büro. Auf dem Flur brauchten sie eine Weile, um sich auf eine Richtung zu einigen. Dann liefen sie los, um Sven zu suchen.

Fast euphorisch stürmte Jo in sein Zimmer im Schwesternwohnheim und rannte zum Fenster. Er stellte einen Fuß auf den Heizkörper vor dem Fenster, zog das Hosenbein hoch und betrachtete seine Wade. Unter der Haut zeichnete sich beeindruckend der künstliche Muskel ab.

»Na, hast du sie dir doch machen lassen?«, fragte plötzlich eine Stimme aus dem Halbdunkel heraus.

Jo fuhr herum. »Sven!«, rief er verärgert. »Bist du bescheuert, mich so zu erschrecken?!«

Sven ignorierte die Frage. »Und? Willst du jetzt auch in die Loge?«

Seufzend ließ sich Jo auf der Fensterbank nieder. »Wenn die mich nehmen ...«, philosophierte er. »Also, 'n bisschen Vereinsmeierei mit wichtigen Leuten kann ja nie schaden.«

Sven sprang auf. »Das hab ich auch gedacht. Aber das ist keine Vereinsmeierei. Das ist 'ne internationale Verschwörung!«

Wie weit konnte jemand gehen, der sich von seinem Platz verdrängt fühlte? Jo war nicht bereit, sich diesen Schwachsinn noch länger anzuhören. »Okay, ich muss jetzt echt zu meinem Spiel.« Hektisch begann er, seine Sporttasche zu packen.

»Also gut, pass auf!« Sven wusste, dass er nun endlich das Ass aus dem Ärmel schütteln musste, damit der schwarzhaarige AIPler ihm Gehör schenkte. »Was Benny betrifft«, er machte eine kurze Pause, »nun, den haben sie umgebracht.«

Jo packte schneller. Unglaublich, was Sven hier für 'ne Show abzog. Ob er langsam durchdrehte?

»Und Fred?«, fuhr Sven eindringlich fort. »Frag deinen Freund Fred Richter!«

»Was denn für 'n Fred? Ich kenn keinen Fred.«

»Dem hat er das Hirn zerstört!«

Jo schüttelte den Kopf und zog energisch den Reißverschluss seiner Tasche zu. Wer hatte wem das Hirn zerstört? Er bekam die Antwort sofort nachgeliefert. Und düstere Zukunftsprognosen dazu. »Müller-LaRousse ist ein Verbrecher! Und ich hab die Beweise. Ich hab alle Beweise! Der wird dich auch zerstören! Das ist 'n Dämon!«

»Wie schon gesagt. Ist gerade superungünstig«, entgegnete Jo, als hätte der verzweifelte junge Mann ihn gerade gebeten, auf seinen Hund aufzupassen.

»Jo, du musst mir helfen!« Svens Gesicht war schweißbedeckt und seltsam verzerrt. Er war aufgestanden und so dicht an Jo herangetreten, dass dieser sich schließlich genervt abwandte und mit seiner Tasche zur Tür hastete. »Du bist der Einzige, der noch nicht komplett brainwashed ist! Der ...«, Sven fand nicht das richtige Wort, »der macht uns alle kaputt! Ich halt das nicht mehr aus! Das muss ein Ende haben! Du musst mir helfen.«

»Hey, hör zu, lass uns später treffen«, sagte Jo im Hinausgehen. »Versprochen. So zwischen acht und neun. Du kannst ja hier warten. Fernseher, Kühlschrank. Alles da.« Er zeigte auf sein spärliches Zimmermobiliar und ging.

»Die sind alle verführt! Müller-LaRousse ist ein Dämon! Wir müssen ihn bekämpfen! Gemeinsam.« Sven starrte durch den leeren Türrahmen hinaus auf die weiße Flurwand. Er sah aus wie ein Exorzist, der selber den Teufel im Leib hatte.

Die Fußballmannschaft wirkte etwas verunsichert, als eine Frau, noch dazu eine so beeindruckende, einfach ungefragt in ihre Umkleidekabine trat.

»Ist okay, Jungs, ich bin Ärztin«, sagte sie gelassen. »Ich hab schon mehr Schwänze seziert, als ihr Tore geschossen habt. Jo?«

Der Angesprochene blickte erstaunt auf und sah Viktoria im lässigen schwarzen Trenchcoat vor sich stehen.

Mit einem listigen Augenaufschlag zerrte sie ihn halb angezogen aus der Umkleide, um ihn auf die Toilette zu entführen. Kichernd schlossen sie sich in einer der Kabinen ein.

Ihren hinreißenden Kulleraugen konnte er einfach nicht widerstehen. Hastig begann er, unter ihrem Trenchcoat zu wühlen.

»Nein, nein, nein. Du klappst sonst zusammen.« Viktoria hielt seine Hände fest. Ein siegessicheres Lächeln lag auf ihren verführerischen vollen Lippen, als sie vorschlug: »Ich spritz dir nur ein bisschen Adrenalin und Neurocholin, um den Synthi zu stimulieren.«

»Und wie wirkt sich das aus?«

Wenig später wusste er es. Seine Beine rannten praktisch von alleine. Er preschte weit vor den anderen über den Rasen, den Ball im gekonnten Dribbling vor den Füßen, und schoss ein Tor nach dem anderen. Er hatte eindeutig den längsten Atem auf dem ganzen Platz.

Viktoria hatte sich zu den übrigen Antihippokraten gesellt, die zwischen dem Stammpublikum am Rand des Fußballfeldes standen und ihren stürmenden Kollegen anfeuerten. In ihren gediegenen Wintermänteln und den schwarz-gelben Schals sahen sie weniger aus wie Fußballfans, sondern vielmehr wie eine Gruppe verwöhnter Yuppies, die als solche verkleidet waren.

Ein Foul an Jo, der offensichtlich auf andere Weise nicht zu stoppen war, erregte ihre Aufmerksamkeit. Während Viktoria und Gregor auf den Rasen eilten, sandten die anderen im Chor Pfiffe und halb ernste Buhrufe über den Platz.

»Wir sind Ärzte!«, rief Gregor dem verdutzten Schiedsrichter zu. Er hockte sich neben den ebenfalls zu Fall gekommenen Spieler der Gegenmannschaft.

»Geht schon wieder«, murmelte dieser mürrisch. Doch ehe er sich's versah, musste er sich eine unfreiwillige Behandlung von Viktoria gefallen lassen, die mit der unter ihrem Mantel verborgenen Impfpistole dazugekommen war. Während sie mit Gregor ein lausbübisches Grinsen tauschte, verabreichte sie dem Spieler eine Injektion ins Bein. Der schrie überrascht auf. Doch bevor er protestieren konnte, begann sich die Wirkung der Droge auch schon in seinem Blut zu entfalten.

»Felix! Hey, du! Alles klar?« Der Schiedsrichter sah den Spieler argwöhnisch an, als dieser sich mit glasigen Augen und seligem Lächeln langsam aufrappelte. Felix nickte dem Schiri verliebt zu.

Gregor und Viktoria machten sich breit grinsend davon.

In der Zwischenzeit waren Hagen und Kurt Getränkenachschub holen gegangen.

Einige Hooligans drängelten sich nach vorne an den Bierstand.

»Wir nehmen noch mal sieben ... Bierchen!«, rief Hagen über den Tresen.

Da blökte einer der Rowdys neben ihm, der bereits eine gigantische Fahne hatte: »Hey, verpiss dich, du Wichser! Ich war zuerst dran!«

Das sah Hagen anders. Und anstatt auch nur eine Silbe an den Halbstarken zu verschwenden, ließ er seine Synthis sprechen: Er drehte sich mit einer der bestellten Bierdosen dem aufgebrachten Fan zu und zerquetschte sie mit der bloßen Hand vor dessen Gesicht, sodass das Bier an Hagens schwarzem Lederhandschuh in Strömen hinabfloss. Dann wandte er sich um und ging. Kurt eilte ihm mit den restlichen Dosen hinterher. Als sie zurückkamen, hatte Jo gerade wieder ein Tor geschossen.

»Ich kannte Andromin ja nur beim Sex – aber es scheint auch beim Fußball zu wirken. Bravo!!!« Viktoria applaudierte begeistert.

Seine Anerkennung brachte auch der mit Glückshormonen voll gepumpte Felix zum Ausdruck. Als einziger Spieler der Gegenmannschaft hängte der sich jetzt an Jos Hals und küsste ihn zärtlich auf die Wangen.

Der Torjäger hatte einige Mühe, den ungebetenen Verehrer wieder loszuwerden. Als es ihm endlich gelang, hörte er Viktoria von der Seitenlinie rufen: »Jo! Wir haben keine Böcke mehr. Ihr führt doch sowieso schon zwölf zu null. Also komm, wir gehen.«

Jo zögerte. Er wollte seine Teamkollegen nicht im Stich lassen. Man marschierte als Spieler ja nicht einfach so vom Platz, wenn man keine Lust mehr hatte. Andererseits war das Spiel eh bald vorbei, da hatte Viktoria Recht.

»Komm, Jo!«

Natürlich hatte Viktoria Recht. Er folgte dem Ruf der hübschen Medizinerin und lief vom Feld.

Hinter ihm blies ein entrüsteter Schiedsrichter in seine Trillerpfeife. »He! Hey!!« Der Mann hatte jedoch keine Chance, den davonrennenden Spieler zur Umkehr zu bewegen. Nicht nur, weil dieser seine eigene Entscheidung gegen die Spielregeln getroffen hatte, sondern auch, weil der glatzköpfige Mann alle Hände voll damit zu tun hatte, sich Felix vom Leib zu halten. Dieser hatte nämlich zum wiederholten Mal beschlossen, den Unparteiischen von hinten herzlich zu umarmen.

Auf dem Parkplatz, wo sie noch ein wenig herumstanden und rauchten, eröffnete Jo der Gruppe stolz, welche Ehre ihn am Abend erwartete: »Hey, ich werde in die Loge aufgenommen! Inauguration heute Nacht.« Bald würde er einer von ihnen sein. Offizielles Mitglied einer inoffiziellen Gemeinschaft.

»Gratuliere«, bemerkte Hagen zwischen dem erfreuten Gemurmel und Schulterklopfen der anderen.

»Danke.«

»Das geht ja alles sehr schnell bei dir.« Bevor Jo meinte, sich auf diese Anspielung hin irgendwie rechtfertigen zu müssen, beeilte Hagen sich hinzuzufügen: »Wir können leider nicht kommen. Dienst!«

Auch darauf wurde Jo eine Antwort erspart, denn Viktoria rief in diesem Moment vom Auto her: »Jo! Wir gehen vorher noch ins *Splendid!*«

»Okay!«, rief der Fußballstar zurück. Dann fiel ihm etwas ein: »Ach, Sven! Der wartet noch bei mir wegen …«

»Wegen …?«, forschte Hagen nach, der hellhörig wurde.

»Der ist völlig fertig …« Jo schüttelte beunruhigt den Kopf. »Ich sollte mich wirklich um ihn kümmern.«

»Ach, Sven«, ließ sich Gregor plötzlich vernehmen, »der hat angerufen, wegen …«

»Wegen …?« Hagen sah seinen Kumpel überrascht an und erntete dafür einen viel sagenden Seitenblick. Er entschied, Gregors Spiel mitzuspielen. »Ach, ja, lieben Gruß, er ruft dich morgen zurück.«

»Er wollte sich hinlegen und …«

»… er spritzt sich zu viel Adrenalin, und dann ist er immer 'n bisschen …« Der junge Mann mit der Designerbrille ließ einen seiner operierten Finger neben dem Kopf kreisen.

»Echt?!« Jo sah die beiden verwundert an.

»Lass dir doch den schönen Abend nicht verderben!« Es gab ein dumpfes, trommelndes Geräusch, als Hagens Hand Jo im schwarzen Lederhandschuhe aufmunternd auf die Schulter klopfte.

»Na super!«, freute sich der angehende Antihippokrat.

Hagen zwinkerte ihm freundschaftlich zu. »Wo geht's lang?«

»Voran!«, antwortete Jo mit der Parole seiner neuen Forscherfamilie.

Sobald die anderen in die Autos gestiegen waren, zückte Gregor sein Handy.

»Sag, was machst 'n du?« Hagen ahnte, dass sein Kumpel noch mehr im Schilde führte. »Jetzt sag schon, was machen wir denn nun?« Verunsichert grapschte er nach Gregors Arm.

Der telefonierende junge Mann schüttelte unwirsch die nervöse Hand des Freundes ab. »Ja, hier spricht Jo Hauser«, sagte er in das Handy, ohne sich auch nur die geringste Mühe zu geben, seine Stimme zu verstellen. »Können Sie mir 'nen Gefallen tun?«

In OP 17 war es stockdunkel.

Sven tastete sich, die Akte an die Brust gepresst, vorsichtig hinein. Ob Jo noch nicht da war? Lee hatte ihn in dessen Zimmer überrascht. Doch bevor sie diese Überraschung zum Ausdruck bringen konnte, war noch eine andere Schwester hinzugekommen, die offenbar besser informiert gewesen war. Sie hatte ihm ausgerichtet, dass Jo angerufen habe und ihn hier treffen wolle.

Gedämpftes Licht erhellte auf einmal den Raum.

»Jo?« Sven drehte sich abrupt um und sah ... nicht Jo, sondern Gregor.

»Hi, Svenni!«, begrüßte ihn dieser übertrieben herzlich, während er langsam näher kam.

»Sven, wie geht's?« Und da stand ja auch Hagen an der Wand gegenüber.

Sven begann allmählich, sich in seiner Haut unwohl zu fühlen. »Mensch, Jungs«, erwiderte er so ungezwungen wie möglich.

»Svenni, wie geht's dir denn so?«

Die Freundlichkeit von Hagen hatte etwas Bedrohliches. »Und selbst?«, nickte Sven ihm alarmiert zu. Um die unerträgliche Spannung aufzuheben, die in dem Saal über den Operationstischen hing, sagte der blonde junge Mann daher einfach das Nächste, was ihm in den Sinn kam: »Sagt mal, wisst ihr zufällig, wo Jo ist?«

Hagen überging die Frage. Er nahm den Freund am Ärmel seines beigefarbenen Mantels und führte ihn zu einem der OP-Tische, an dem Gregor bereits in lässiger Haltung lehnte. »Wie geht's denn so mit deinen Synthis, Sven?«

»Na ja, das läuft.« Er sah sich von den beiden auf einmal in die Enge getrieben.

Gregor wisperte in sein linkes Ohr, Hagen in das rechte. Ihre Einflüsterungen schienen wie aus einem Mund zu kommen. Außerdem fiel sein Name viel zu oft.

»Du bist mit deinem Programm im Rückstand, Sven.«

»Was haben wir denn da? Waden, Oberschenkel – du hast seit sechs Monaten nichts mehr implantiert, Sven!« Hagen blätterte demonstrativ durch eine dünne Mappe, die nur wenige Einträge enthielt.

»Du glaubst nicht mehr so wirklich an unser Projekt, was, Svenni?!«

»Quatsch, natürlich, logisch!« Sven traute sich nicht, einem der beiden ins Gesicht zu blicken, während er sich so unaufrichtig verteidigte. Er hätte auch gar nicht gewusst, in welches. Er schluckte.

»Wir können doch ganz offen über alles miteinander reden.«

Sven presste die Akte, die er dabeihatte, an seine Brust. »Ja, klar. Deswegen wollte ich mich ja mit Jo …«

»Einen jungen Bruder unterrichten … das ist ja ganz okay, Sven. Du bist ja okay, Sven.«

Was wollten die beiden bloß von ihm? Wieso waren sie so scheißfreundlich und nannten ihn andauernd beim Namen?!

Das war der Moment, in dem die Stimmung umschlug.

»Svenni, weißt du was?«, säuselte Gregor in sein Ohr. »Ich glaube, du bist ein Dreckschwein, 'ne kleine, miese Verrätersau.«

Sven jagte ein kalter Schauer über den Rücken. »Ja, toll, und was soll das jetzt?«, fragte er ängstlich, als Gregor ihm plötzlich eine Impfpistole gegen den Hals drückte.

»Endorphine, Glückshormone«, erklärte dieser. Seine harten Gesichtszüge verzogen sich zu einem irren Grinsen. »Gut gegen Schmerz.«

»Ach nee, das weiß ich selbst.« Der eingekeilte Jungarzt schielte panisch nach Gregors »Waffe« an seinem Hals. »Hör mal, das sind fünf Einheiten. Das ist viel zu viel, hör auf damit, Gregor, bitte, ja?«

Da injizierte Gregor die aufputschende Flüssigkeit. Doch er spritzte sie nicht Sven, sondern riss die Kanüle im letzten Moment an seinen eigenen Hals. Stöhnend sackte er neben dem erschrockenen Logenbruder auf dem OP-Tisch zusammen.

Sven sprang in Panik auf, um den Rückzug anzutreten. Aber er kam nicht weit. Plötzlich gehorchten ihm seine Beine nicht mehr. Er strauchelte und schlug der Länge nach auf den harten Fußboden.

»Bleib hier, Sven«, sagte Hagen hinter ihm vollkommen ruhig. »Ich möchte das jetzt mit dir ausdiskutieren.«

Sven stützte sich etwas benommen auf seine Unterarme und sah sich um.

Einige Meter von ihm entfernt stand Hagen, der sich trotz Svens Fluchtversuch nicht von der Stelle gerührt hatte. Seine Hände schwebten drohend über der Tastatur des Kontroll-Laptops neben dem OP-Tisch. Mit dem Computerprogramm hatte er die Macht über eine ganze Armee von synthetischen und natürlichen Muskeln. Und damit auch über Svens Beine.

Im Hintergrund war Gregor mit seinem eigenen Trip beschäftigt. Langsam kam seine Motorik wieder in Gang. Er richtete sich schwerfällig von der Liege auf. »Ich fühl mich so fucking gut«, raunte er mehr zu sich selbst.

»Hagen, hör auf mit dem Scheiß!«, brüllte Sven plötzlich in einem Anflug von Hysterie. »Mann, das ist nicht witzig.«

Sie brachten ihn auf das Dach des Krankenhauses. Während Gregor die Beine des vermeintlichen Judas mit dem Laptop geradewegs auf die Längskante des Dachs zu dirigierte, betete Hagen neben ihm das Glaubensbekenntnis der Antihippokraten herunter, während er rauchte: »Ich glaube an Charles, weißt du, er ist ein wirkliches Genie. Und ich glaube an die Gruppe und an das Projekt ...«

Gregor fluchte, weil der wimmernde Sven sich immer wieder fallen ließ. Ein ums andere Mal musste er ihn per Fernsteuerung auf die Beine bringen.

»... wir müssen alle Opfer bringen«, fuhr Hagen unbeirrt fort, »denn wir wollen etwas wirkliches Großes schaffen.« Er betrachtete stolz seinen rechten Zeigefinger und stülpte ihn wie zum Beweis plötzlich in einem unnatürlichen Bogen nach oben um. Eine Demonstration beispielloser Elastizität, bei der manch einem unwissenden Zuschauer sicherlich schlecht geworden wäre. Der Finger glitt in seine Normallage zurück. »Und das können wir uns von dir nicht kaputtmachen lassen, Sven. Du wolltest uns verraten, stimmt's? Ich weiß es. Verdammt noch mal, Sven! Du weißt, dass du selbst schuld bist.«

»Hör auf!«, schrie Sven schweißgebadet in einem letzten verzweifelten Aufbäumen gegen die Diktatur des Kontroll-Laptops. Seine Füße hatten die Dachkante fast erreicht.

Alarmiert warf Hagen seine Zigarette fort und langte über Gregors Schulter auf die Tastatur. Sofort schloss sich das Programm, und Sven brach vor der Dachkante zusammen. »Eine *Lektion*, du Idiot!«, fuhr Hagen den überdrehten Freund an. Wenn man mal einen Moment nicht aufpasste ...! Danach wandte er sich an Sven, der zurück auf das sichere Dach zu krabbeln versuchte: »Lass es dir eine Lehre sein, dass man seine Familie nicht verrät.«

Da rappelte sich Sven plötzlich wieder auf, begann unkontrolliert zu schreien und machte zwei schleppende Schritte auf die Dachkante zu … und dann den dritten über sie hinaus. Sein markerschütternder Schrei schwoll an, wurde leiser und endete abrupt in einem dumpfen Aufprallgeräusch.

»Sven!« Hagen stürzte zum Rand des Dachs und blickte entsetzt hinunter. Mit verdrehten Gliedmaßen lag Sven auf dem steinernen Brunnenrand im Park.

»Mein Gott! Du … du hast ihn umgebracht!«, schrie Hagen außer sich. Tränen liefen ihm übers Gesicht, nicht nur sein Magen rebellierte gegen das, was gerade geschehen war. Das hatte er nicht gewollt. Er wandte sich ab, um sich zu übergeben.

»Wir, Hagen! Wir!« Gregor legte den Laptop zur Seite, sein Gesicht zeigte keine Spur von Reue. »Wir haben unsere Pflicht getan, 'ne Verrätersau gerichtet! Der Typ war doch Müll! Der hat sich selber aussortiert«, brüllte er den immer noch kotzenden Hagen an. »Mensch, wir haben jahrelang geschuftet und gelitten – das lass ich mir doch von so 'nem Stück Scheiße nicht kaputtmachen!«

»Was hast du getan …?«, schluchzte Hagen. Wie konnte man nur über einen Menschen reden, als wäre er nutzloses Material, das aus dem Weg geräumt werden musste?

Doch sein skrupelloser Kumpel machte sich bereits Gedanken über die nahe Zukunft: »So, und nun gehen wir runter. Die Synthis müssen raus! Ich mach die Leichenschau, du stellst den Totenschein aus, okay?«

»Es sei dir gegeben die Macht, den Wert eines Lebens abzuwägen. Es sei dir gegeben die Macht, über Leben und Tod zu entscheiden.«

»Ego spondeo. Ich gelobe.« Jo blickte ehrfürchtig vor sich, dorthin, wo er den Professor vermutete, der im schwarzen Talar vor ihm stand. Durch die dunkle Augenbinde konnte er ihn nicht erkennen und auch nicht die versammelte Gemeinde, die einen respektvollen Kreis um die beiden Hauptakteure bildete. Sie war mehrheitlich ebenfalls in schwarze Talare gekleidet und verfolgte Jos Aufnahme in die Loge mit gebannten Blicken. Der Professor hatte eingangs zwar betont, dass er die alten Rituale der akademischen Welt in Jos Alter selber albern fand, aber jedem im Raum schien feierlich bewusst, dass der junge AIPler sich hier symbolisch für sein Leben band.

Jo konnte auch nicht sehen, dass Müller-LaRousse das Skalpell erhoben hatte. Um ihn herum herrschte atemlose Stille.

Der Professor nahm Jos Hand und drehte sie mit der Handfläche nach oben. »Mit deinem Blut bist du in die Loge gekommen, nur bei deinem Blut sollst du sie verlassen.« Das Skalpell senkte sich langsam auf Jos Handballen hinunter.

Dieser zuckte unter dem plötzlichen Stich zusammen. Er spürte, wie seine Hand dort, wo der Schmerz war, auf ein Blatt Papier gedrückt wurde.

»Schön, Sie bei uns zu haben, Bruder Joachim.« Er hörte Applaus. Endlich nahm ihm jemand die Augenbinde ab. Es war Professor Müller-LaRousse selbst. Er zwinkerte dem vor ihm knienden jungen Mann aufmunternd zu, während er ihm das Tuch um den blutenden Handballen band. »Die Loge braucht Leute wie Sie.«

5

Alle blickten betroffen, als Jo in OP 17 stürmte.

Weil sie ihm am nächsten saß, wandte er sich direkt an Viktoria: »Hast du gehört?« Er hatte die tragische Nachricht eben erhalten.

Viktoria nickte deprimiert. »Wir wussten ja, dass die Engländer in die gleiche Richtung arbeiten, aber …«

Jo unterbrach sie barsch: »Wovon redest du?«

»Die Royal Academy: Sie haben so was Ähnliches wie den CNE entwickelt und setzen es für die Epilepsie-Therapie ein. Wenn das –«

Der schwarzhaarige Neurochirurg sah sie entgeistert an. Er war so fassungslos, dass er zunächst nur ein einziges Wort hervorbrachte: »Sven!« Er riss sich zusammen. »Verdammt, Sven ist tot!«

»Ja, ich weiß, es ist schrecklich. Er war schwach«, sagte die junge Frau schnell, als hätten sie die ganze Zeit über nichts anderes gesprochen.

In diesem Moment sprang die Tür des Operationssaals

auf, und Müller-LaRousse fegte herein. Er war auf hundertachtzig. »Na bravo, Kollegen. Bravo!«, begann er sarkastisch und sprengte die bekümmerte Runde, die sich sofort wie aufgescheuchte Hühner um ihn scharte. »Wollen Sie wissen, wer den Nobelpreis kriegt?« Und noch einmal schärfer: »Wollen Sie?«

Niemand antwortete. Niemand wagte auch nur zu atmen.

»Nun, wir nicht!«, brüllte Müller-LaRousse mit allem, was seine erregte Stimme hergab. »Ist doch alles scheiße, was hier passiert! Viel zu langsam, viel zu wenig Bereitschaft, sich mal wirklich einzusetzen!« Er trat mit seinem wutverzerrten Gesicht so dicht an Hagen heran, dass dieser erschrocken zurückwich. Voller Sarkasmus imitierte er einen weinerlichen Tonfall: »Die Schmerzen ... die Hormone ...« Er ging weiter zu Viktoria, die direkt daneben stand. Seine Stimme hatte jetzt wieder den gleichen herrischen Tonfall wie zuvor: »Mittelmäßigkeit widert mich an«, fauchte er ihr mitten ins Gesicht. Schließlich wandte er sich zu den anderen um. »Wir wollen doch Weltspitze sein! Global Players – wir haben doch das Zeug dazu! Wir sind vor dem Durchbruch, wir wollen doch die Welt verändern! Aber wir müssen so schnell wie möglich veröffentlichen. Sonst war doch alles umsonst. Voran!«

Doch in den Schlachtruf wollte im Augenblick niemand so richtig einstimmen.

Müller-LaRousse atmete tief aus und fuhr etwas ruhiger, aber immer noch im strengen Regimentston fort: »Es werden bei allen Teilnehmern dieser Tage die jeweiligen Muskelgruppen mit Synthis komplettiert. Die pharmazeutischen Versuchsreihen, die steigern wir auf Maximaldosierung, um möglichst bald eindeutige Werte zu erhalten. Ach ja«, er senkte die Stimme, bis sie nur noch ein unheimliches Wispern war, »und wir fangen sofort mit Phase zwei an.«

Ein fast unmerkliches Beben schien durch die Gruppe zu gehen. Jo runzelte die Stirn. »Phase zwei« – das war eine Formel, die offensichtlich er als Einziger nicht verstand.

Eine Formel, die zum Beispiel Hagen in höchste Alarmbereitschaft versetzte: »Aber wir brauchen doch zuerst die Untersuchungsergebnisse von ...«

Müller-LaRousse schrie ihn dermaßen zusammen, dass alle unwillkürlich die Köpfe einzogen: »Sie können auch warten, bis man Synthis beim Bandagisten kriegt! Ja, wollen Sie aussteigen, Hagen? Bitte, gern!«

Diesmal versuchte Hagen, dem Blick des wutentbrannten Professors tapfer standzuhalten. »Sie wissen genau, ich bin ...«

Aber Müller-LaRousse hörte ihm gar nicht zu. »Noch jemand?«, fragte er provokativ in die Runde.

»... immer der Erste, der sich zur Verfügung stellt«, beendete Hagen seinen Satz, während er unterwürfig hinter dem Professor herscharwenzelte.

Dieser hatte sich inzwischen vor Jo aufgebaut. »Wollen Sie mit mir laufen gehen, Hauser, nur wir zwei?«

Der Neuling blickte unsicher in die angespannten Gesichter, die ausnahmslos ihm zugewandt waren. Dann begegnete er dem fordernden Blick seines Mentors. Er nickte ergeben. Was blieb ihm auch anderes übrig?

»Phase zwei!« Müller-LaRousse spuckte den Begriff förmlich aus.

Im Park war es kühl. Die mächtigen Bäume warfen diffuse Schatten auf den Weg, auf dem die beiden Ärzte entlangjoggten.

Jo war durch die stetige Anstrengung bereits ganz schön ins Schwitzen geraten, trotzdem hatte er das Gefühl, unter seinem dicken Pullover erbärmlich zu frieren. Müller-LaRousses Worte jagten ihm kleine, unangenehme Schauer über den Rücken.

»Wir müssen die natürlichen Muskeln entfernen. Ganz weg damit! Raus mit dem Ballast!«, erklärte dieser gerade die Vorgehensweise in Phase zwei. »Parallel geschaltete Synthis sind die Weichei-Variante. Wir brauchen jetzt endlich die eindeutigen Resultate.«

»Aber das wäre ja dann für immer ... irreversibel!«, wandte Jo atemlos ein.

»Ja, genau. Das ist ein Statement. Das ist für die Ewigkeit.«

Der auserwählte Joggingpartner schielte den Professor voller Respekt von der Seite an. Pathos stand diesem ins schweißnasse Gesicht geschrieben. Zögernd entgegnete er: »Aber ich kann doch nicht meine Beine ...«

»Arzt sein, das heißt doch immer, sich aufopfern. So habe wenigstens ich den Beruf immer verstanden.«

Jo durchschaute den Umweg, den Müller-LaRousse durch das Herz seines Schützlings einschlug, sehr wohl. Aber, wenn er schon dabei mitmachte, dann wollte er zu seinen eigenen Bedingungen spielen. Abrupt blieb er stehen. »Ich will, dass Sie meinem Bruder helfen«, sagte er unvermittelt. Allein das war es, wofür sein Medizinerherz schlug.

All das wusste Müller-LaRousse, der jetzt ebenfalls stehen geblieben war. Und Wissen war bekanntlich Macht.

»Wir brauchen doch einen Top-Körper für die ersten Tests ... Also gut. Wenn wir durch Sie brauchbare Ergebnisse bekommen ... Sie und Ihr Bruder, Sie werden wieder gemeinsam im Hof kicken.«

Sie gaben sich die Hand. Jo verstand, dass der sportliche Großmeister der plastischen Neurochirurgie ihn im Grunde genau dort hatte, wo er ihn haben wollte, wie ein Puppenspieler, der eine Marionette bewegt. Aber wenn er dadurch Willi helfen konnte, ließ er sich über die unsichtbaren Fäden an seinen Händen oder vielmehr durch die künstlichen Muskeln in seinen Beinen gerne ein wenig in die richtige Richtung dirigieren.

Als Jo in Professor Bambergs Büro trat, fiel sein Blick auf eine junge Frau im Trenchcoat. Sie hatte ihr braunes Haar hochgesteckt und musterte ihn mit forschenden braunen Augen. Sie und ihr Kollege hatten ihn schon erwartet.

»Frau Doktor Henning ist Sonderermittlerin beim BKA«, stellte die Krankenhausdirektorin knapp vor. Ihr schien der außerplanmäßige Besuch nicht sonderlich gelegen, da sie den Ruf des Krankenhauses in ungünstiger Weise involviert sah. Es ging, wie Jo erfuhr, um Svens unvorhergesehenen Tod, den die beiden Kriminalbeamten nicht einfach so als Selbstmord auf sich beruhen lassen wollten. Jo schilderte den Beamten wahrheitsgemäß Svens labilen Zustand.

»Entschuldigung, das hat doch nichts mit Routine zu tun«, fiel Frau Henning ihrem Kollegen ins Wort, der ihren Besuch als »routinemäßige Untersuchung« herunterzuspielen versuchte. »Sven Lemke wollte eine antihippokratische Verschwörung aufdecken. Der wollte mir Materialien dazu geben und sogar jemanden aus der Loge dazu befragen!«

Unbehaglich rutschte Jo auf seinem Stuhl ein Stückchen weiter unter den langen, glänzenden Holztisch in Bambergs Büro.

»Laut Aussage eines Kollegen war bei Lemke Suizidgefährdung einfach gegeben, die übliche Überarbeitung bei AIPlern, verbunden mit psychischem Stress. Er war bis unter die Hutkrempe voll mit Drogen, es gibt keine Indizien –«

Wieder unterbrach die junge Frau ihren Kollegen an dieser Stelle barsch: »Fühlen Sie sich wohl, hier an der Klinik? Fühlen Sie sich wohl hier, Herr Hauser?«

Mit einer solch direkten Frage hatte Jo nicht gerechnet. Vor allem fühlte er sich gerade etwas überfordert. Und so schwieg er.

Da ergriff Paula Hennings Kollege wieder das Wort. »Äh, Frau Doktor Henning, haben Sie noch eine Frage?«

»Nein«, erwiderte sie, ohne den immer noch fragenden Blick von Jo zu wenden, der ihr somit die Antwort auf ihre anderen beiden Fragen schuldig bleiben durfte.

Als er Bambergs Büro verließ, hatte die Leiterin des Krankenhauses vertrauensvoll die Hand auf seinen Arm gelegt und ihm mit beruhigender Stimme zugeredet: »Sollte noch irgendetwas sein, dann wenden Sie sich jederzeit an mich.«

Während er in Gedanken immer wieder das Gespräch mit den Kriminalbeamten rekapitulierte, betrat Jo die Gemeinschaftsküche im Schwesternheim.

Tatsächlich war Willi schon da. »Danke fürs Abholen, Lee«, wandte er sich an die junge Krankenschwester, die ihm aufmunternd zunickte.

»Lee ist meine neue Freundin«, behauptete Willi grinsend. Er saß in seinem Rollstuhl zwischen den angeregt plaudernden Schwestern und fühlte sich offensichtlich pudelwohl. »Wenn du sie nicht nimmst, nehm ich sie!«

Ein Gedanke jagte Jo plötzlich durch den Kopf – oder durch sein Herz? –, aber er bekam ihn nicht zu fassen. Er sah zuerst seinen kleinen Bruder und dann Lee zerstreut an.

»Du hast kein Problem mit Krüppeln, hä?«, plapperte dieser inzwischen weiter munter auf die Philippinin ein, die neben ihm stand und wie so oft unbestimmt lächelte.

Wer wusste schon, was Lee dachte? Jo betrachtete sie verstohlen. Eine hübsche und starke Frau, die sich selbstlos für ihr Land einsetzte … und die jetzt scheu zu Boden blickte. Er wandte sich an Willi: »Hast du die Befunde dabei? Ich meine«, er umarmte ihn herzlich von oben, »wie isset denn?«

Willis unbeschwerte Miene verdunkelte sich ein wenig. »Der eine Arm spinnt jetzt 'n bisschen rum.« Ein schiefes Grinsen erschien auf seinem Gesicht. »Aber guck mal: Solange ich dat noch kann …« Er hob die Hand und hielt sich zwei Finger an die Schläfe, mit dem Daumen betätigte er den Abzug des imaginären Revolvers.

Die Geste ließ dem motivierten jungen Arzt das Blut in den Adern gefrieren. Doch schon im nächsten Moment löste sich seine Erstarrung in unbändige Wut auf. Er trat vor und schlug seinem Bruder mit der flachen Hand ins Gesicht. »Sag so was nie wieder, du dumme Sau! Hörst du?!« Ohne Willi, der sich erschrocken und gekränkt zugleich die Wange massierte, eines weiteren Blickes zu würdigen, ging Jo zur Tür. »Morgen fangen wir mit den Untersuchungen und 'nem speziellen Therapieprogramm für dich an«, verkündete er sachlich. Und im gleichen Tonfall: »Ich freu mich tierisch, dass du da bist, ja? Tut mir Leid wegen eben.«

Mehrere dunkle und ein blaues Augenpaar verfolgten verständnislos seinen eiligen Abgang.

Zufrieden betrachtete Müller-LaRousse die Prothese, die plastische und sehr farbenfrohe Nachbildung einer kompletten Beinpartie. »Eine fantastische Arbeit! Wisst ihr, was das bedeutet: wir sind wieder auf Kurs!« Er schickte einen zuversichtlichen Blick durch OP 17, in dem seine junge Crew um ihn herumstand und ihn anstrahlte wie eine Schulklasse, die vom Lehrer geschlossen eine Eins bekommen hatte. »Jo, ich beneide Sie! Sie werden Medizingeschichte schreiben – das wird groß, ganz groß. Nach unseren Berechnungen, da werden Sie bis zu …«

»Sechzig«, beeilte sich Gregor den fragenden Blick des Professors zu beantworten.

»Sechzig Stundenkilometer laufen können: Langstrecke!« Die nobelpreisverdächtige Vision war Müller-LaRousse von den Augen abzulesen, die siegesgewiss in die Ferne schweiften.

Viktoria küsste Jo flüchtig auf die Wange. »Ich bin stolz auf meinen Supermann!«

Plötzlich erschütterte ein Schmerzensschrei die feierliche Atmosphäre in OP 17: Wulf lag vor einem der Tische auf dem Boden. Anscheinend spielten seine Muskeln verrückt, denn er schlang seine Arme unter großer Anstrengung um seinen nackten Oberkörper, der über Elektroden mit dem EKG-Gerät verbunden war.

Der Professor riss Hagen, der hilflos danebenstand, den Laptop aus der Hand und brüllte: »Sie Trottel! Haben Sie denn überhaupt nichts begriffen?!« Hektisch drückte er ein paar Tasten, sodass sich der schmerzlich zusammengekrümmte Wulf wieder etwas entspannte.

»Sie haben doch gesagt, ich soll …«

Müller-LaRousse hasste es offensichtlich, im falschen Moment zitiert zu werden. »Hören Sie doch mit Ihrem schwulen Gestammel auf! Gott, wie mich das ankotzt!«

Der Kopf des zurechtgewiesenen jungen Arztes war hochrot angelaufen. »Herr Professor, ich möchte mich dagegen verwehren, dass …«

»… dass Sie als Schwuchtel bezeichnet werden? Hat hier irgendjemand gesagt, dass Hagen eine Schwuchtel ist? Ups!« Müller-LaRousse drehte sich einmal um die eigene Achse und wandte sich an Viktoria: »Jetzt schauen Sie mich doch nicht so kuhäugig an! Spritzen Sie den Idioten wieder hoch!«

Jo konnte Viktorias Gefühlsduselei nicht wirklich nachvollziehen, ja, er konnte sich noch nicht einmal richtig konzentrieren auf das, was sie sagte.

Von dem, was sie gerade erzählte, bekam er daher nur den letzten Satz mit: »Ich glaub, ich war vorher noch nie so richtig verliebt.«

»Viktoria.«

Wie sich herausstellte, hörte sie ihm umgekehrt auch nicht zu, denn sie fuhr unbeirrt fort: »Dabei hab ich mit Charles noch nie geschlafen.«

Jo hatte seine eigenen Probleme. »Ich brauch mehr Endorphine«, flehte er sie aus seiner ungemütlichen Embryostellung auf dem Fußboden an.

Doch sie starrte nur gedankenverloren an ihm vorbei in den leeren Waschraum, wo sie scheinbar gerade eine Vision von ihrem Supermann in Weiß hatte. »Er hat so eine Ausstrahlung, gerade jetzt …«

»Ist klar, dass du das Zeug nicht unbegrenzt bekommst, aber …«, ächzte Jo.

»… gerade jetzt, wo er Schwäche zeigt.«

»Aber kannst du nicht ’ne Ausnahme machen?«

»Tut mir Leid, dann besorg dir halt Morphin.« Offensichtlich hatte sie ihm zwischen ihrer eigenen Schwärmerei doch zugehört. »Morphin oder zur Not Heroin«, fügte sie ungeduldig hinzu. »Chemisch gesehen fast dasselbe wie Endorphin.«

Jo schob die gelbe Wolldecke beiseite und richtete sich, nackt wie er war, auf. Er sah die junge Frau in der verführerischen dunkelblauen Spitzenunterwäsche, die an der weiß gekachelten Wand lehnte und ihn aus desinteressierten, schwarz umrandeten Augen fixierte, vorwurfsvoll an: »Aber ich kann doch nicht …«

»Wir spritzen alle was«, sagte Viktoria, als würde es das besser oder legal machen. »Natürlich nur während des Projekts bis zum Durchbruch. Kontrolliert.«

Kontrolliert. Er hatte gerade das Gefühl, die Kontrolle über seine eigenen Bedürfnisse zu verlieren. Er brauchte was, und zwar sofort.

»Jo, alle beneiden dich, dass du der Erste sein darfst in Phase zwei.« Die hübsche Ärztin nahm ihn in den Arm und streichelte ihm mit mechanischen Bewegungen über den Kopf.

Phase zwei. Sie wusste offenbar nicht, wie schwer es war, den ersten Schritt auch als Erster zu tun. Das hätte vielleicht gerade noch Neil Armstrong verstanden, als dieser vor dem Start seiner Raumfähre den weit entfernten Mond betrachtete. »Ich hab Angst«, flüsterte er.

»Doktor Hauser?«

Jo sah sich um. Nicht die schon wieder! »Ich kann jetzt nicht ...«, antwortete er barsch und eilte weiter den Krankenhauskorridor entlang, doch so leicht ließ sich Frau Doktor Henning nicht abwimmeln.

»Ich wollte mit Ihnen noch einmal über die Antihippokraten sprechen ...« Sie musste laufen, um mit ihm Schritt zu halten.

»Antihippo ...?«

»Ein Ärzte-Geheimbund, der in ein straff organisiertes, international vernetztes Kartell umstrukturiert wurde.«

»Wieso ...? Aber ich ...« Es interessierte ihn nicht, was sie zu sagen hatte. Sein Körper hatte momentan weiß Gott andere Bedürfnisse, als hier für sie auf dem Flur herumzustehen. Sein Körper verlangte danach, wieder ruhig und glücklich zu sein. Er brauchte dringend ein paar Streicheleinheiten von innen.

»Die Logen haben den gesamten medizinisch-pharmazeutischen Apparat unterwandert. Im deutschen Gesundheitswesen werden über 230 Milliarden Euro – hören Sie mir überhaupt zu, Doktor Hauser?«

Sicher.

»Die Entwicklung eines neuen Medikaments kostet eine halbe Milliarde Euro. Sie sehen, es handelt sich um unwahrscheinlich viel Geld!« Sie musste einem älteren Mann auf Krücken ausweichen. »Bleiben Sie doch mal stehen! Die Loge geht über Leichen, um ihre Ziele zu erreichen. Merken Sie gar nicht, dass Sie nur benutzt werden? Die werden Sie umbringen!«

Mann, konnte die Frau schnell sprechen. Jo brummte der Schädel. Der Schweiß war ihm ausgebrochen, schon vor einiger Zeit. Er wusste nicht, wie lange er eigentlich schon auf diesem Korridor unterwegs war, und er hatte vergessen, wo er überhaupt hinwollte. Sein Körper pulsierte überall, er hatte das Gefühl, jeden Moment zu explodieren.

»Hier, schauen Sie: Genetische Experimente an Eingeborenen in Sumatra!«

Jo blieb abrupt stehen und schlug ihr mit voller Wucht die Unterlagen aus der Hand, die sie ihm auf den letzten Metern aufzudrängen versucht hatte. »Jetzt lassen Sie mich doch endlich in Ruhe! Was geht mich das alles an?«, brüllte er sie an.

Seine Reaktion brachte weniger Paula Henning aus der Fassung als vielmehr die umstehenden Patienten, die die beiden neugierig beäugten.

Ihren Redeschwall konnte er damit zumindest nur kurz unterbrechen. »Sie sind doch Mitglied, oder nicht?«, fragte sie ihn geradeheraus.

Schweigend ging er neben ihr in die Hocke, um die auf dem Boden verstreuten Unterlagen wieder einzusammeln.

»Jetzt hören Sie mal zu«, begann die junge Frau erneut, diesmal merklich ungeduldiger. »Die Loge ist eine kriminelle Vereinigung. Es gibt ein Kronzeugenprogramm. Arbeiten Sie mit uns zusammen!«

»Aber ich kann doch nicht meine Freunde …«

»Doch, das müssen Sie aber! Ich bin mir sicher, dass Sven Lemke ermordet worden ist, weil er kooperieren wollte. Was wissen Sie über Fred Richter?«

Ohne ihr eine große Hilfe gewesen zu sein, was die auf dem Fußboden verteilten Unterlagen betraf, sprang der bedrängte Jungarzt auf und rannte davon.

»Früher oder später lassen wir die Loge hochgehen, dann gehen Sie mit unter!« Sie brüllte es fast über den Flur.

Mehr als ein Patient blickte sensationslüstern zwischen dem flüchtenden Arzt und der schreienden Frau hin und her. Endlich mal 'n bisschen Action auf 'm Flur.

Paula seufzte frustriert. Schade, dass er sich einfach nicht helfen lassen wollte. Sie wusste nur zu gut, was er durchmachte.

Sie saßen in Jos Zimmer und spielten Schach. Doch irgendwie war es anders als früher, fand Willi. Sein großer Bruder schien nicht so recht bei der Sache zu sein. Er war so verdammt launisch geworden.

Der junge Mann im Rollstuhl beobachtete ihn durch die blonden Fransen seines zur Seite gekämmten Ponys, während er ihm von seinen erfolglosen Therapiestunden erzählte: »Ein Therapeut! Fummelt mir die ganze Zeit so 'n Typ an den Beinen rum. Die in Duisburg war zu alt, aber ...« Hörte Jo ihm überhaupt zu? »Hab ich dir schon gesagt, dat du ziemlich scheiße aussiehst?«, wechselte er prompt das Thema.

»Danke. Weiß ich selbst«, antwortete Jo gereizt.

»Wozu brauchste eigentlich dat ganze Zeug?« Willi deutete mit dem Kinn auf ein Regal, in dem sich Jos tägliche Ration an Medikamenten stapelte. »Ist ja schon mehr als bei mir!«

»Nur so ... vorübergehend.«

Viel war aus der schlecht gelaunten Schweinebacke heute echt nicht rauszukriegen. »Lee hat gesagt, dat –«

»Jetzt fang du nicht auch noch an! Ich weiß schon, was ich mache, okay?« Gereizt sah Jo vom Schachbrett auf.

Willi sackte in sich zusammen, als hätte er schon zum zweiten Mal an diesem Tag eine Ohrfeige bekommen. »'tschuldigung«, murmelte er.

Jo merkte, dass er Willi einmal zu viel zurechtgewiesen hatte. Er hatte den Umgang mit seinem Bruder völlig verlernt, seit er nur noch von selbstherrlichen, erfolgreichen Freunden umgeben war. »Lass doch«, sagte er versöhnlich zu seinem Bruder, der geknickt vorgab, den nächsten Schachzug zu planen. »Ich hab doch eh schon verloren gehabt. Willst du noch mal?«

Willi antwortete nicht. Sein betretener Blick klebte förmlich an den Schachfiguren.

»Alles klar?«

Willi nickte tapfer. Doch sein Gesicht verriet seine wahren Gefühle: Große Tränen begannen unter seinen Ponyfransen hervorzukullern. »Mann, mein Arm ... Is' alles irgendwie so scheiße«, weinte er leise vor sich hin.

Jo beugte sich über das Schachbrett und fasste seinen Bruder an den Schultern. »He, ich mach das! Willi, vertrau mir! Nicht mehr lange. Halt durch, ja?«, flüsterte er, selbst den Tränen nahe. Er hatte viele »Brüder« hinzugewonnen in letzter Zeit und dabei ganz vergessen, wer eigentlich sein Lieblingsbruder war.

»Ich, Joachim Hauser, geboren am 27.11.1974, erkläre im Vollbesitz meiner geistigen Kräfte, dass ich ausdrücklich um die Operation gebeten habe, obwohl keine medizinische Indikation vorliegt.«

»Gut.« Wulf stellte die Kamera aus, die Jos freien Willen für die Nachwelt auf Film gebannt hatte.

Viktoria, wie Wulf mit rotem OP-Kittel und Mundschutz bekleidet, setzte die Injektion in Jos Rücken, während der junge Mann mit baumelnden Beinen auf dem OP-Tisch saß. »Vorsicht, Spinalanästhesie. Du kannst bei deiner Operation zusehen, wenn du willst.« Sie wandte sich an Wulf. »Ruf doch bitte Charles, wir sind bereit.«

Während sie auf Müller-LaRousse warteten, tupfte Hagen Jos nackten Oberschenkel über der geraden, langen Linie, die den Schnitt markierte, mit Jod ab. »Du kommst gut aus mit dem Professor, hm?«, fragte er, ohne aufzublicken.

Jo ließ sich mit der Antwort Zeit, da der eifrig tupfende Kollege den Eindruck machte, als wollte er noch etwas Wichtiges hinzufügen. »Du solltest aufpassen«, sagte Hagen nach einigen Sekunden arbeitsamen Schweigens tatsächlich, »er mag es nicht, wenn man, äh …, wenn man ihm zu nahe kommt.«

»Das geht schon klar«, erwiderte Jo gut gelaunt. »Charly hat mir sogar angeboten, sein persönlicher Assistent zu werden.«

Das Splittern von Glas auf dem Fußboden fasste die Überraschung der übrigen Logenmitglieder klirrend zusammen. Eilig bückte sich Viktoria, um das in mehrere Scherben zersprungene Gefäß aufzuheben, das ihr aus der Hand gerutscht war.

»Er möchte, dass du sein …« Hagen wagte nicht, es auszusprechen. »Übrigens: ›Charles‹. Er hasst ›Charly‹. Bereit?«

Im gleichen Moment durchfuhr ein stechender Schmerz Jos Oberschenkel. Gequält schrie er auf. »Oh Gott! Mann, die Anästhesie wirkt noch nicht! Du … du bist ja total durchgeknallt, du Wichser!« Das Blut rann in Strömen an seinem Bein hinunter. Jo sprang von der Liege und knickte sofort ein. In wenigen Momenten war auf dem Boden unter ihm eine kleine Blutlache entstanden. Als er sich wieder aufgerichtet hatte, sah er sich Hagen mit dem Skalpell in der

Hand gegenüber. Hagens Miene war merkwürdig verzerrt.

»Das hat der absichtlich gemacht!«, brüllte Jo und wich zurück, selbst nach einem Skalpell greifend, mit dem er Hagen humpelnd auf Abstand hielt. »Na, trau dich, komm schon!«

Sie umkreisten sich feindselig.

»Zurück, spinnt ihr!« Viktoria war dazwischen gesprungen.

»Ich bring ihn um, ich bring ihn um!« Vor allem aber hatte Jo das Gefühl, dass der Schmerz ihn fast umbrachte. Er sank rückwärts in Viktorias Arme.

»Ich dachte, die Spritze wirkt schon«, sagte Hagen leichthin.

Das Geschrei hatte einen weiteren Arzt alarmiert, der sich nebenan im Waschraum auf eine Operation vorbereitet hatte. Als er den verletzten Patienten auf dem Boden erblickte, fasste Hagen nüchtern die medizinischen Fakten zusammen: »Scheiße, na, den können wir vergessen heute. Ich hol mal 'ne Kompresse.«

Jo wandte sich auf dem Korridor mehrfach verstohlen um, dann hinkte er eilig zum Stationszimmer, sodass sein weißer Kittel aufgeregt hinter ihm herflatterte.

Er traf das Zimmer leer an, Gott sei Dank. Erleichtert hockte er sich auf den Boden und begann sich den Oberarm abzubinden, wobei seine nervös zitternden Finger mehrfach ansetzen mussten. Den Einstich der Spritze nahm er kaum wahr. Erst als die Flüssigkeit in seinen müden Körper strömte, hatte er das Gefühl, aus einem bösen Traum aufzuwachen. Er öffnete die Augen.

Lee stand in der Tür des Stationszimmers. Sie sah ihn entsetzt an.

»Es ist jetzt nicht so, wie du glaubst«, sagte Jo schnell, als wäre sie seine Freundin, die ihn in flagranti mit einer anderen Frau erwischt hätte.

Und wie es ihre Art war, sprach Lee einfach aus, was sie dachte: »Joe, du bist süchtig nach Droge.«

Er zog sich vom Fußboden hoch. Ein aggressives Flackern loderte in seinen dunklen Augen auf. »Sag mal, spinnst du? Ich mach das hier fürs Projekt! Fürs Projekt!«

Erschrocken wich Lee zurück. In letzter Zeit fing der junge Doktor Jo immer so plötzlich an zu schreien, ohne Vorwarnung, einfach so.

»Was soll denn der Scheiß? Was soll das Ganze? Was erlaubt sich hier jede kleine chinesische …«

»Philippinen, nichts China.« Seine Worte waren wie unsichtbare Ohrfeigen, doch Lee versuchte, sachlich zu bleiben. »Ich bin verantwortlich für Medikamente. Ich muss melden«, sagte sie so streng, dass man Schinder höchstpersönlich herauszuhören glaubte.

»Bist du bescheuert, oder was?« Jo ging jetzt drohend auf sie zu. »Willst du mir hier alles versauen? Nur weil ich mir 'n bisschen von dem Zeug nehme, oder was? Hör zu: Mir geht's supergut. Ich hab hier die Chance meines Lebens. Wir sind kurz vor dem Ziel!«

»Dein Herz ist krank!«, schleuderte Lee ihm verzweifelt entgegen. Gleichzeitig wich sie mit dem Rücken an den Schrank zurück.

Jo stand nun genau vor ihr. »Jetzt hör auf mit der Scheiße!«, brüllte er. »Mein Herz ist krank.« Er äffte ihren Akzent nach. »Diese ganze Eso-Kacke. Was bildest du dir überhaupt ein, wer du bist? Du bist genau wie alle anderen. Warum tust du mir das an?«

Als er ihr so direkt gegenüberstand, wusste sie, dass er die Frage ernst meinte. Sie las es in seinen traurigen Augen.

»Ich hab Angst um dich«, flüsterte sie mit tränenerstickter Stimme.

Die Zeit schien plötzlich stillzustehen. Sekunden lang sahen sie sich einfach nur an, ihre Gesichter berührten sich fast. Mit einem Mal kehrte Ruhe in Jos Kopf und in seinem Herzen ein. Das Gefühl kam ihm bekannt vor. Es war dasselbe das ihn schon in der Gemeinschaftsküche heimgesucht hatte, als er Lee neben Willi stehen sah. Nur damals hatte er noch keinen Namen dafür gehabt. Er zog die junge Frau, die in seinen Augen lesen konnte, sanft zu sich heran. Sie ließ es geschehen, und auch, dass er sie küsste. Es waren schnelle, verzweifelte Küsse, die sie von ganzem Herzen erwiderte.

Später saßen sie nachdenklich im Stationszimmer. Zärtlich küsste Lee ihren schweigsamen Freund auf das dichte, lockige Haar, während er mit angezogenen Beinen vor ihr auf einem Stuhl kauerte und unter quälenden Zweifeln litt.

Da zog Lee eine Schublade auf und holte eine Mappe mit zahlreichen Notizzetteln, Fotos und tabellarischen Auswertungen hervor, die sie vor Jo auf den Tisch legte. »Unterlagen von Doktor Benny«, erklärte sie viel sagend.

Jo hob abrupt den Kopf. »Der Junkie?«

»Junkie wie du.« In Lees braunen Augen lag etwas Untröstliches. »Doktor Benny war mein guter Freund. Du bist mein guter Freund. Benny ist tot.«

Jo hatte inzwischen flüchtig durch die gesamten Unterlagen geblättert. »Das ist die gesamte Dokumentation der

Versuchsanordnung bei Benny. Das sind Charles' persönliche Unterlagen. Sag mal, woher hast du denn das?«

Sie gab ihm darauf nicht die Antwort, die er hören wollte. »Ich weiß nicht, was ihr macht. Aber hör auf damit. Es macht dich kaputt.«

Während er las, war es, als spielte sich ein Film vor seinen Augen ab, ein Film über Bennys kurzes Leben und die Dokumentation seiner Arbeit als Objekt der Wissenschaft.

»Mein Name ist Benjamin Sachs, Arzt im Praktikum im Großklinikum Berlin. Hiermit erkläre ich im Vollbesitz meiner geistigen Kräfte ...«

Jo starrte wie versteinert auf die Akte. Ein Déjà-vu umfing ihn mit der ganzen Kraft seiner bildhaften Wirkung: Es war, als säße er selbst mit entblößtem Oberkörper auf dem OP-Tisch anstelle dieses athletischen blonden Jungen auf dem Foto, der sich damals vermutlich voller Forschungselan mit der Operation an seinem Thorax einverstanden erklärt hatte.

Plötzlich erschien Müller-LaRousse vor seinem inneren Auge. Seine Erläuterungen der Versuchsdurchführung, die auch die Worte des Dokuments waren, in dem er las, hallten im Originalton durch sein Hirn: »... wir die Dosierung der Medikamente früher als geplant steigern könnten. Folgendes Prozedere ...« Jo sah den Professor ganz deutlich vor sich mit seinen auf dem Schoß gefalteten Händen – der Typ verstand es, eine Geste gleichzeitig cool und demütig aussehen zu lassen –, während im Hintergrund OP 17 sichtbar war, in dem Benny jetzt etwas mutloser auf der Liege hockte und leise berichtete: »Ich kann im Moment nicht mehr so gut pennen. Können wir ... können wir wenigstens die neue Cholin-Testreihe absetzen?«

Schnitt. An seiner Stelle saß nun Wulf auf dem OP-Tisch, der zuversichtlich zu Protokoll gab: »Hiermit erkläre ich, dass ich mit der Operation an meinen Schultern einverstanden bin …«

»Da die Belastungsgrenze bei Benny noch nicht ausgereizt zu sein scheint, wird folgende Operation …«, verkündete nun wieder die Stimme von Müller-LaRousse.

Und dann erneut Benny, dessen anfänglicher Enthusiasmus inzwischen stark abgeflaut schien: »… obwohl keine medizinische Indikation …«

Vor Jos Augen begannen die Konturen der Bilder allmählich zu verschwimmen.

»Spasmen, Schweißausbrüche, Sehstörungen, Verdauungsstörungen.« Spot auf Benny, der nervös die Nebenwirkungen seiner letzten Operation aufzählte.

Und immer wieder Müller-LaRousse: »… trotz diverser Komplikationen … laufen über eine verstärkte Dosierung der … Wertvolle Erkenntnisse brachte der bedauerliche epileptische Anfall vom 17. August: temporäre Lähmungserscheinungen …«

»… des natürlichen Muskelgewebes«, murmelte Jo vor sich hin. Erschöpft schloss er die Augen.

Schreie ließen ihn zusammenfahren. Bennys Schrei, sein eigener, alles wurde zu einem einzigen Schrei des Entsetzens.

»Scheiße, ich hab Angst!« Er sah die Szene klar vor sich, Benny war auf dem Fußboden von OP 17 zusammengebrochen.

Jo öffnete die Augen. An Lees unbeweglicher Miene erkannte er, dass nichts von den schrecklichen Szenen, die sich vor seinem inneren Auge abspielten, nach außen gedrungen war.

Er las weiter. Und befand sich wieder mitten im Teufelskreis der wissenschaftlichen Verschwörung.

»Kurz vor dem Durchbruch!«, dröhnte die enthusiastische Stimme des Professors fast ebenso laut wie die verzweifelten Rufe aus dem Hintergrund des Forschungs-OPs. »Kurz vor dem Durchbruch! Ein baldiger Beginn von Phase zwei wird ins Auge gefasst.«

Phase zwei, Phase zwei, Phase zwei ... hallte es in Jos Kopf wider.

Er fühlte sich wie nach einem unglaublich realistischen Albtraum. Deprimiert kauerte er auf einem Stuhl in Mannis Krankenzimmer, während Lee sich um den nervlich angeschlagenen Patienten kümmerte.

»Bei Tierversuchen ist das Standard: Man testet, wie hoch die Dosierung sein kann, die ein Körper erträgt, bis er zusammenbricht, bis zum Tod. Bioverfügbarkeit heißt das. Bei Tieren.«

»Und bei Menschen?« Lee warf ihm von Mannis Bett aus einen durchdringenden Blick zu. »Bei uns in Hula-Hula-Land, das ist Mord.«

»Ich hab jetzt nicht behauptet, dass ...« Dem jungen Arzt fiel gerade selbst auf, welch ungeheuerliche Andeutungen in seinem kleinen Exkurs über die Bioverfügbarkeit steckten. »Es ist unmöglich, dass Charles ...« Plötzlich merkte er, dass er nicht nur Lee, sondern vor allem sich selbst überzeugen wollte.

Da sprang Lee auf und machte eine hektische Bewegung zur Seite.

»Lee? Was ist?« Jo sprang auf.

»Ich kann mich nicht –« Sie zerrte an ihrem Handgelenk,

das Manni wie eine eiserne Fessel umklammerte. Mit leerem Blick starrte der junge Mann vor sich hin.

»Die Infusion«, rief Jo alarmiert. »Was hast du ihm gegeben?«

»Weiß nicht.« Dann setzte sie hastig hinzu: »Neues Medikament von Professor Müller-LaRousse!«

Voller Panik zerrte die Krankenschwester an ihrem Arm, um die Hand aus Mannis Klammergriff zu befreien, während Jo gleichzeitig mit aller Kraft versuchte, dessen stahlharte Finger zurückzubiegen. Doch vergebens.

»Pfleger!!«, brüllte Jo.

Sofort kamen zwei junge Männer in das Zimmer gestürzt. Als sie sahen, was los war, packten sie Mannis Arme, was zwar zur Folge hatte, dass er Lees Handgelenk losließ, gleichzeitig jedoch mit der anderen Hand ausholte und einen der Pfleger heftig gegen den Arm schlug.

Der schwer getroffene Mann flog ein gutes Stück rückwärts und landete stark blutend auf dem Fußboden. Fluchend rollte er sich aus Mannis Reichweite.

Dieser war inzwischen aufgestanden und ging nun auf den zweiten Pfleger los, den er an der Kehle packte, anhob und etwa einen Meter über dem Boden an die Wand drückte – wie ein außer Kontrolle geratener Roboter.

Als Jo mit ansah, mit welcher Leichtigkeit Manni den Pfleger in die Luft hob, traf ihn die Erkenntnis wie ein Schlag: »Synthis!« Er wollte dem Mann zur Hilfe eilen, wurde jedoch von Mannis freier Hand brutal zurückgestoßen.

Erst gemeinsam mit einem dritten Pfleger, der schließlich zur Tür hereinstürzte, gelang es ihm, den röchelnden Kollegen aus Mannis Eisengriff zu befreien. »Endorphine, drei Einheiten, schnell!«

Sofort folgte Lee Jos ärztlicher Anordnung und bereitete die Injektion vor.

Gemeinsam drückten sie den zur Kampfmaschine mutierten Patienten aufs Bett nieder, sodass Jo ihm die ruhig stellende Spritze verabreichen konnte. »Ganz ruhig, Manni.« Manni lag nun reglos auf dem Bauch, quer über dem Bett, das Nachthemd verrutscht.

Etwas zwischen Mannis Schultern machte Jo stutzig, und er zog den oberen Teil des Nachthemds ein wenig zur Seite. Es war, wie er vermutet hatte: Zwischen Mannis Schulterblättern befand sich eine rautenförmige Hautunebenheit. »Verdammt, da war ein CNE!«, stieß er entsetzt hervor.

»Scheiß-AIPler!«, ließ sich der erste Pfleger genervt vom Boden vernehmen und rieb sich den verletzten Arm.

»Was?« Jo drehte sich empört zu ihm um.

»Entschuldigung, Herr Doktor. Ich meine den Irren da.« Der Pfleger zeigte mit dem unverletzten Arm auf Manni.

»Fred Richter …«, murmelte Jo, dem plötzlich ein weiteres Licht aufging.

»Dr. Fred war AIP in Neurochirurgie vor Unfall. Hast du nicht gewusst?«, ließ sich Lee vernehmen.

»Manni?« Und dann verstand Jo. »Manfred Richter!«

»Assistent von Professor Müller-LaRousse. Motorradunfall mit Dr. Gregor.«

Jo sah Lee ungläubig an. Nie geahnte Zusammenhänge nahmen immer mehr Kontur an.

Wenn seine Ahnungen zutrafen und die Puzzleteile nicht nur ein zufälliges Bild ergaben, dann war er hier in eine verdammt böse Geschichte geraten.

6

»Mannis angeblicher Motorradunfall! Wenn man genau hinsieht, erkennt man: Keine Epiduralblutung, keine traumatischen Folgen, wie es sie bei einem Unfall geben müsste, nur isolierte Schnitte! Müller-LaRousse muss ihm das Gehirn operativ zerstört haben, die …«

Jos Aufregung schien Frau Doktor Bamberg nicht im Mindesten zu beeindrucken. Nicht nur ihr Äußeres, die gestrenge Frisur und der dunkelblaue Hosenanzug, war wie immer perfekt, sondern auch ihre unbewegliche Miene.

»… die Infusion sollte ihm unauffällig den Rest geben«, fuhr Jo unbeirrt fort, »denn Manfred Richter hatte was herausgefunden. Bennys Tod war keine unvorhersehbare Tragödie, sondern geplanter Teil der Versuchsreihe, um die Grenzwerte zu ermitteln. Müller-LaRousse ist der Großmeister der Loge hier, aber auch alle anderen sind mit dabei: die Gruppe, Professor Sturm, Professor Phillipp …« Atemlos hielt Jo inne.

Dr. Bamberg war von ihrem Schreibtisch aufgestanden.

Ihr ernster Blick fixierte den jungen AIPler, während sie langsam auf ihn zuschritt. »Das sind schwere Anschuldigungen, die Sie da erheben. Es schockiert mich, dass ich so etwas von Ihnen höre. Haben Sie kein Schweigegelübde geleistet?«, fragte sie streng.

Jo sah sie verständnislos an. Hatte sie ihm überhaupt richtig zugehört?

Da ging die Tür des Büros auf.

»Ach, Charles, gut, dass du kommst. Wir haben gerade von dir gesprochen!«

»Haben Sie schon gehört?« Müller-LaRousse schloss die Tür hinter sich und trat näher. Er beugte sich vor, als wollte er Jo ein Geheimnis anvertrauen: »Der arme Fred ist gestorben.«

Ehe sich Jo einen Reim auf die Neuigkeit machen konnte, beeilte sich Bamberg, sie selbst zu kommentieren: »Eine Erlösung für den Jungen.«

Verwirrt blickte Jo das Ärztegespann an. »Das kann nicht sein, ich war …«

»Ich muss es ja wissen, Kollege, ich habe selbst den Totenschein ausgefüllt«, fiel Müller-LaRousse ihm barsch ins Wort. »Herzinsuffizienz. Ist ja nichts Außergewöhnliches bei einem Patienten im Finalstadium.«

»Was glauben Sie eigentlich? Dass wir uns von einem Praktikanten die Arbeit von Jahren zerstören lassen?« War das wirklich Frau Dr. Bamberg, die das gerade gesagt hatte?

»Oder vielleicht doch? Jedenfalls hat ihm irgendjemand Endorphine gespritzt.« Der Professor setzte ein teuflisches Lächeln auf, das ihm in einer *Faust*-Inszenierung sofort die Rolle des Mephisto eingebracht hätte. »Sie etwa, Hauser?«

Jo verstand nicht recht. Was wollte dieser Logenguru damit andeuten? Wollte er ihn etwa erpressen?

Bambergs Gesicht hatte inzwischen den gleichen harten Ausdruck angenommen. »Wissen Sie eigentlich, mit wem Sie sich hier anlegen, Hauser?«

»Einem Neurotrauma?«, nahm Müller-LaRousse seinen eigenen Faden wieder auf, mit dem er Jo listig einspann.

»Das Projekt muss doch weitergehen. Da gibt's Verträge, Investitionen in Millionenhöhe ...«, setzte Bamberg nach.

»Wie werden Sie das Schinders Ethikkommission erklären?«

»Die Loge hat eine gewaltige Macht, ihre Feinde zu zerstören.«

Jo sah sich auf einmal fixiert von zwei unbarmherzigen Augenpaaren und in die Mangel genommen von Worten, die ihn von links und rechts zu attackieren schienen. Er fühlte sich wie der Abgesandte einer Friedenstruppe, der schutzlos in einem Zwei-Fronten-Krieg unterwegs war. Vor allem wusste er nicht, was er sagen sollte. Damit, dass sogar die Krankenhausleitung mit der Loge und ihren kriminellen Machenschaften unter einer Decke steckte, hatte er nicht gerechnet.

Erst jetzt fiel ihm auf, dass die beiden Ärzte ihn erwartungsvoll ansahen. Offensichtlich erwarteten sie irgendeine Reaktion von ihm. Er wollte ihnen sagen, wie abgrundtief er sie verachtete. Dass er niemals auch nur im Entferntesten daran gedacht hätte, einen antihippokratischen Eid zu leisten, wenn er gewusst hätte, wie menschenunwürdig und verabscheuenswert ihre Arbeit war. Doch er war wie gelähmt.

Die Zeit der Narkose, die sie seinem Gemüt verabreicht hatten, nutzte Müller-LaRousse, um seinen Schützling wieder zur Raison und auf den rechten Kurs zu bringen. Er machte einen Schritt auf Jo zu und sagte mit einem liebenswürdigen, aber falschen Lächeln: »Ich reiche Ihnen jetzt ein letztes Mal die Hand: Was wollen Sie denn im Leben? Zu Schinder ins Heer der beamteten Loser oder mit uns die Zukunft erforschen und die Welt verändern? Ich weiß, dass Sie als einer der wenigen die Kraft haben, ganz oben zu stehen – die Loge ist der Weg dorthin: Abteilungschefs an großen deutschen Häusern, die kommen im Schnitt auf fünf bis zehn Millionen. Jetzt seien Sie kein Narr, schlagen Sie ein, Jo! Jupp!«

Doch Jo schlug nicht ein. Er schlug ihn nieder.

Mit dem Rollstuhl, den er vor sich herschob, stieß Jo die Tür zum Behandlungsraum der Ambulanz auf.

Willi krallte sich fluchend an den Armlehnen fest, damit er nicht aus dem Sitz geschleudert wurde.

Vor etwa einer Minute war sein Bruder höchst erregt in den Therapieraum des Krankenhauses gestürzt und hatte Willi, ohne auf dessen »He, Alter! Wie isset?« zu antworten, aus dem Raum geschoben. Die übrigen Patienten und Therapeuten hatten ihnen erstaunt nachgeschaut. Das Letzte, was sie von den beiden sahen, war Willis Therapieball, der im letzten Moment durch die halb offene Tür in den Raum zurückflog.

Danach waren sie ziemlich rasant den Korridor entlanggefegt. Willi kannte seinen eigenwilligen Bruder zu gut, um ihn zu fragen, warum er es eigentlich so eilig hatte. Jo würde ihn schon darüber aufklären, wenn er es für richtig hielt.

Dirk und die junge Frau, die er gerade an der lädierten Schulter verarztete, sahen erschrocken auf, als die beiden so plötzlich im Ambulanzzimmer aufkreuzten. Jo stellte den Rollstuhl mit seinem Bruder vor der Liege ab, sagte zu der darauf sitzenden Patientin: »Sie sind gesund. Ein Aspirin, kommen Sie morgen wieder«, und zog den behandelnden Arzt am Ärmel zur Seite.

»Aber …«, machte die verdutzte Patienten hinter ihm.

»Ich bin Arzt!«, schrie Jo sie ungerührt an. »Tun Sie, was ich sage!«

Die Frau, die oben herum lediglich mit ihrem BH bekleidet war, griff nach ihrer Bluse und ihrer Jacke und verschwand, beides vor die halb nackte Brust pressend, eilig aus dem Zimmer.

»Du musst mir helfen!«, zischte Jo an Dirk gewandt. »Ich muss hier raus. Mit Willi. Es geht um …« Er holte tief Luft, aber, nein, die Worte waren keineswegs zu dramatisch gewählt. »Es geht um Leben und Tod.«

Der junge Mann mit dem lässigen Mehr-Tage-Bart rückte verständnislos seine Brille zurecht.

»Glaub mir einfach«, flehte Jo mit zusammengepressten Händen. Dirk war der einzige Verbündete, der ihm noch einfiel in diesem ganzen verlogenen Ärztehaufen. »Vor allem hilf uns, dass wir hier irgendwie wegkommen.« Plötzlich war das Krankenhaus für Jo zu einem Gefängnis geworden, einem Ort, der manche gesund, andere krank machte und ihn als Nächsten auf der Todesliste hatte.

»Ich hab einen Freund im Sicherheitsdienst«, begann Dirk zögerlich. »Ich ruf den mal an und …«

»Ich glaub nicht, dass der Sicherheitsdienst …«

»Absolut vertrauenswürdig«, versicherte Dirk beschwichtigend. Aber in seinen Augen lauerte das Misstrauen, Jo konnte es sehen. »Du siehst ja völlig fertig aus.« Er verschwand in den Nebenraum.

Durch eine Scheibe beobachte Jo, wie Dirk ihn seinerseits argwöhnisch beäugte, während er eindringlich in den Telefonhörer sprach.

Plötzlich brach ihm der kalte Schweiß aus. Hier war doch irgendwas faul. Hier machten doch alle gemeinsame Sache … Er riss die Tür zum Nebenraum auf und hörte Dirk gerade noch wispern: »Ja, ja, wir sind hier, Neuro-Ambulanz 14, ich halte ihn auf und …« Als er Jo hinter sich bemerkte, hielt er für einen Moment erschrocken inne. Danach fuhr er verlegen stotternd fort: »… ich meine, wir … wir warten hier auf Sie … auf dich …«

Haltlose Wut bahnte sich ihren Weg von Jos strapazierten Nerven bis hin zu seinen Stimmbändern. »Ich mach euch fertig, ihr Schweine!«, schrie er, und dann noch einmal, nur für den Fall, dass Dirk es nicht richtig mitbekommen hatte: »Verstehst du?! Ich mach euch alle fertig!« Mit hektischem Blick fuhr er herum und riss schließlich mit einem Ruck das Telefonkabel aus der Buchse.

»Wichser!«, brüllte Willi beipflichtend aus dem Behandlungsraum in der Hoffnung, es könnte vielleicht helfen.

Der Zwischenruf seines kleinen Bruders holte Jo wieder auf den blank geputzten Boden der Tatsachen zurück. Mit seinem Wutausbruch verschwendete er hier nur kostbare Zeit, die er brauchte, um sich selber das Leben zu retten.

Und natürlich seinem Bruder. Er rannte zurück zu Willi und schob ihn hastig aus der Ambulanz.

»Ich hab Familie!«, brüllte ihm Dirk nach, dem selbst nicht ganz klar war, ob er bloß seinen Frust hinausschreien oder sich vor Gott, der Welt und sich selbst rechtfertigen wollte. »Ich will doch auch nur einmal bei den Gewinnern sein, du Arschloch!«

Zur gleichen Zeit trommelte Hagen in höchster Alarmbereitschaft seine Brüder und Schwestern zusammen.

»Alexandra, ruf du die Logenbrüder im Haus an. Und zwar alle. Gregor, mach du vorn dicht. Der darf hier nicht raus. Du weißt Bescheid. Und Achtung, da gibt's noch 'nen Ausgang«, hallten seine Befehle in einem anderen Trakt des vermeintlich ehrwürdigen Hauses über den Flur, das im Grunde nichts weiter als ein gut organisiertes Lügengebäude war.

»Ich erklär's dir später – tu einfach so, als ob du schläfst.«

»Dann glauben die, ich bin ein Arzt? Cool!« Willi rollte sich, so gut es ging, in dem schnieken weißen Kittel auf der Arztliege zusammen.

Sein Bruder nickte zufrieden. Es würde mindestens drei bis vier kritische Blicke lang dauern, bis eine in den Ruheraum eintretende Person den angeblich schlafenden Mediziner als Fake entlarvte. »Schnauze halten und warten, bis ich dich wieder abhole«, wies Jo seinen Bruder streng an.

Doch eine letzte Frage konnte sich Willi nicht verkneifen, als Jo zur Tür hinausrannte. »Hey, Jo. Du kommst doch wieder, ja?«

Aber Jo hörte sie nicht mehr. Zumindest dachte das Willi.

In Wirklichkeit versetzte ihm die Frage einen Stich ins Herz. Er hätte keine Antwort auf Willis Frage gewusst.

Sie suchten ihn überall. Wie Spürhunde, die schnüffelnd jede Ecke jedes verdammten Raumes durchstöberten.

Schweigend hetzten Hagen und Gregor an der Scheibe eines OPs vorbei. Ihre flackernden Blicke streiften das Team, das gerade den Operationssaal belegte, nur flüchtig.

Jo, der sich hinter den Chirurgen unauffällig zu ducken versucht hatte, spähte erleichtert zwischen den rot gewandeten Operateuren hindurch Richtung Scheibe. Müller-LaRousses Schergen hatten ihn in der OP-Kleidung, die er zur Tarnung übergestreift hatte, und dank des Mundschutzes nicht erkannt.

Aber Viktoria hatte er nicht hinters Licht führen können. Als er sich rückwärts wieder aus dem OP stehlen wollte, spürte er plötzlich eine Kanüle an seinem Hals, und Viktorias Stimme flüsterte in sein Ohr: »Elf Einheiten Endorphin: das ist selbst für 'nen Junkie wie dich zu viel.« Während sie sprach, lotste sie ihn wieder zurück in die OP-Räume. »Wie konntest du uns nur verraten. Wir haben dich doch geliebt. Charles und ich, wir wollten dich –«

Da vernahm Jo ein dumpfes Geräusch hinter sich. Gleichzeitig ließ der Druck an seinem Hals nach. Er wandte sich um und sah gerade noch, wie Viktoria hinter ihm zu Boden glitt. Die Kanüle fiel ihr aus der Hand und landete mit einem leisen Poltern neben der bewusstlosen jungen Frau im roten OP-Dress.

Erstaunt blickte Jo auf. Da stand Lee mit einem metallischen Gegenstand in der Hand. »Glänzender Apfel innen faul«, sagte sie nur.

Jo belohnte sie mit einer Reihe von Dankesrufen, die zunehmend leiser wurden, weil er über den Korridor schon wieder davonrannte.

Ein Pfleger war neben der auf dem Fußboden liegenden Viktoria stehen geblieben. Sein Stirnrunzeln deutete an, dass hier Erklärungsbedarf bestand.

»Luft sehr schlecht«, sagte Lee schnell und hockte sich neben die ohnmächtige Ärztin, um ihr mit einem besorgten Lächeln die Schulter zu tätscheln. »AIP!«, sagte sie, als ob das alles erklärte.

Aufatmend schloss Jo die Tür hinter sich.

Jetzt musste alles schnell gehen. Er war im Behandlungszimmer der Notaufnahme. Im Moment wurde es, Gott sei Dank, nicht benutzt. Aber er würde schon dafür sorgen, dass ihn hier jemand fand. Manchmal war die Flucht nach vorne die beste Strategie.

Er knöpfte sich die Arzthose auf und strampelte sie sich energisch von den Beinen. In Slip und weißem Pulli marschierte er zu einem Schrank hinüber, holte eine Blutkonserve heraus und schnitt sie mit einem Skalpell auf. Die rote Flüssigkeit quoll ihm entgegen, und er verteilte sie auf seinem Pulli und im Gesicht. Schon jetzt sah er aus wie ein übel zugerichtetes Unfallopfer. Doch er griff sich noch einen Verband von der Ablage, auf der Mull und Kompressen fein säuberlich gestapelt waren. Hastig wickelte er sich diesen um den Kopf. Den Rest der Blutkonserve schmierte er sich auf die Ränder seiner Kopfbinde. Danach versteckte er das Plastiksäckchen in einer Schublade und schwang sich auf die Behandlungspritsche. Die Schnur des Telefons reichte gerade bis zur Liege. »Großklinikum Berlin, die Notaufnahme, bitte.« Nervös fummelte er an seinem Kopfverband herum, doch er war sich sicher, dass sein Plan funktionieren würde, das musste er einfach. »Ja, hier Doktor Phillipp von der Unfallklinik Moabit!«

Außerdem war das die Gelegenheit, endlich mal jemanden aus der Klinik zur Sau zu machen. »Geben Sie mir Ihren Vorgesetzten. Aber 'n bisschen plötzlich!« Er wartete die kleinlaute Antwort seines Gesprächpartners ab. »Keine Ahnung, vielleicht steht der irgendwo unversorgt bei Ihnen rum!«, gab er barsch zurück. »Er muss sofort zu uns überstellt werden! ... Ja, dann sucht ihn eben in dem Chaos bei euch! Zum letzten Mal, Phillipp, mit ›ph‹. Ja, genau.« Mit Schwung legte er auf und schob das Telefon zur Seite.

Es dauerte keine dreißig Sekunden, da flog die Tür auf.

Jos Herz schien für eine Sekunde auszusetzen. Jemand trat zögernd ein. Doch in der Fensterscheibe, vor der er lag, konnte Jo sehen, dass es nicht die von ihm erwarteten Rettungsfahrer waren. Es war Gregor. Sein suchender Blick blieb an dem vermeintlich Schwerverletzten hängen.

Jo lag wie erstarrt da. Angespannt biss er in seinen Pulli, der ihm nach oben übers Kinn gerutscht war. Er spürte den Stoff unangenehm zwischen den Zähnen knirschen.

Gerade als Gregor einen weiteren Schritt ins Zimmer hinein machen wollte, drängten ihn zwei Männer rücksichtslos zur Seite. Sie trugen die weiß-orangefarbenen Westen der Notfall-Rettung, die üblicherweise mit dem Krankenwagen auf den Straßen Berlins unterwegs war. Und diese Rettung war auch seine Rettung.

»Scheiße«, war das Erste, was der »Verletzte« von seinen beiden Helfern hörte. »Das wird er sein. Das ist wieder typisch.« Der Sprecher postierte sich am Kopfende der Liege, sein Kollege am Fußende. »Jetzt ruf mal die scheiß Leitstelle an und sag denen, dass der hier ist. Hopp!« Gemeinsam hoben sie ihn auf eine mobile Bahre, die sie mitgebracht hatten.

Auf dem Gang fand das unfeine Fluchen des ersten Rettungsfahrers seine Fortsetzung. Jo fühlte sich stark an seinen liebenswerten Bruder erinnert. »Als ob wir was für dieses scheiß Chaos können!«

»Kannst du mal einen Satz ohne ›Scheiße‹ sagen?«, fuhr ihn der zweite Fahrer genervt an. »Sind schließlich Patienten hier.«

»Wenn's aber wahr ist! Scheiß Betrieb hier. Und der rosa Durchschlag fehlt auch wieder!«

Sein Kollege drehte sich entgeistert um: »Echt? Scheiße!«

Im Laufschritt rollten sie ihren Patienten auf der Bahre in Richtung Krankenhausausgang und, endlich, hinaus in die Freiheit.

Gregor sah ihnen aus der Ferne nach und runzelte die Stirn.

Wenig später, als der Rettungswagen wegen des dichten Verkehrs gezwungen war, mehrere Momente lang stehen zu bleiben, rappelte sich Jo von der Bahre auf und trat heftig gegen die Hecktüren. Eigentlich wollte er lediglich das Schloss sprengen, doch er unterschätzte die Kraft seiner Synthis.

Eine der Türen flog aus ihren Angeln und knallte scheppernd hinter dem Krankenwagen auf den Asphalt – zur unbeschreiblichen Überraschung der nachfolgenden Autofahrer, die die abendliche Rushhour irgendwie langweiliger in Erinnerung hatten. Zu allem Überfluss sprang nun ein junger Mann mit einem blutigen Kopfverband aus dem Krankenwagen, der darüber hinaus nur einen Pulli, eine merkwürdig gemusterte Unterhose und Socken trug, und floh schnell wie eine Gazelle in die Nacht hinaus.

7

»Lee! Lee!! Ich brauche was gegen die Schmerzen … Endorphine, scheißegal!«

Sie ertrug es nur schlecht, ihn so leiden zu sehen.

Als er ihr vor dem Krankenhauseingang aufgelauert hatte, war er am Ende seiner Kräfte gewesen, sogar zu schwach zum Schreien. Noch dazu war er sehr seltsam gekleidet gewesen. Lee hatte einen Riesenschrecken bekommen wegen des ganzen Blutes an seinem Kopf. »Keine Angst«, hatte sie hinter ihrem Mundschutz geflüstert. »Wir machen weg das böse Implantat. Wenn du aufwachst, alles gut.«

Mehrere vertraute Gesichter beugten sich über Jo und drehten ihn auf den Rücken. Zwischen der OP-Mütze und dem Mundschutz, die jedes dieser Gesichter einrahmten, konnte Jo lediglich mandelförmige Augen sehen, die ihn freundlich anblickten.

Er lag auf einem Tisch in der Gemeinschaftsküche des Schwesternheims. Tischlampen sorgten für ein gestochen scharfes Spotlight auf seine nackten Waden: Die philippinischen Schwestern hatten aus dem Raum in Windeseile einen fantasievollen OP improvisiert.

Jo spürte, wie er langsam müde wurde. Die Anästhesie begann zu wirken. Mit schleppenden Schritten holte ihn die Angst wieder ein. »Die sind hinter mir her«, flüsterte er im halb wachen Zustand. »Die wollen mich umbringen.« Dann glitt sein Bewusstsein übergangslos hinüber ins erholsame Nichts der Narkose.

In einem anderen Teil des Gebäudes streunten unterdessen Müller-LaRousses menschliche Spürhunde durch die Korridore.

Noch ahnte niemand im Haus, dass in der Wohnheimküche in aller Heimlichkeit eine Operation vonstatten ging.

»Er ist im Haus 2, Zimmer 814«, berichtete Gregor seinem Logenbruder Kurt, was er soeben über Jos Unterkunft in Erfahrung gebracht hatte. Zielstrebig hetzten sie weiter. Vor der Tür zu Jos Zimmer blieben sie stehen.

Ohne lange zu überlegen, trat Gregor die Tür ein. Das Bett war zerwühlt, Sportklamotten lagen achtlos auf dem Fußboden verteilt. Aber von seinem Bewohner fehlte jede Spur.

Unter Lees Anleitung und im Schein der Nachttischlampen operierten die philippinischen Schwestern eine ganze Weile.

Einmal wichen sie alle erschrocken zurück, als mit einem leisen »Plopp!« ein längliches dunkles Etwas aus Jos Wade geschossen kam. Wie eine hypnotisierte Schlange stand das federnde Ersatzteil nun senkrecht aus dem Bein heraus. Schritt für Schritt entfernten sie den künstlichen Muskel aus dem natürlichen Gewebe.

Nachdem sie Jos Beine vollständig von den Synthis befreit hatten, betrachtete Lee zum wiederholten Mal besorgt die rautenförmige Erhebung zwischen den Schultern ihres Patienten. Der frei gelegte CNE war nur mit einem stabilen Pflaster bedeckt. »Zu nahe an Wirbelsäule«, seufzte sie. »Zu gefährlich.«

»Guten Abend, Herr Doktor«, begrüßte eine der Filipinas überschwänglich den rastlosen Gregor, der draußen auf dem Gang geradewegs auf die Gemeinschaftsküche zusteuerte. Kurt kam kaum hinterher, so eilig hatte es sein Bruder im Geiste. »Kann ich Ihnen helfen? Wollen Sie vielleicht etwas zu trinken, Tee oder Kaffee? Oder was zu essen?«

Lee hatte ihren frisch operierten Privatpatienten inzwischen in ihr Wohnheimzimmer verfrachtet.

Jo war gerade aus der Narkose erwacht und versuchte, sich zu orientieren. »Wo bin ich hier?« Beunruhigt blickte er an sich hinunter. »Was … was ist das?« Er konnte sich beim besten Willen nicht erinnern, vor dem Einschlafen einen rotgoldenen Seidenkimono, oder was auch immer das war, getragen zu haben.

»Jo von Duisburg«, sagte Lee, die neben ihm auf der Bettkante hockte, feierlich, »ist der erste Mann, der mit meinem Bett schlafen darf.« *Mit* ihrem Bett? Na, deutsche Präpositionen musste er wohl noch ein wenig mit ihr üben. »Gut gegen böse Geister in deinem Kopf.«

»Böse … was?«

»›Böse Geister‹ ist schönes Wort für ›Entzugserscheinungen‹«, erklärte die hübsche Philippinin augenzwinkernd.

Er sah sie zärtlich an. »Ich glaub langsam auch an gute Geister.«

Mit einem lauten Knall wurde plötzlich die Tür aufgerissen, und dann standen mit einem Mal Gregor und Kurt im Zimmer. »Ich hab dir doch gesagt, dass er 'ne Thai-Fotze hat«, pöbelte Gregor in die geschockte Stille hinein.

Lee war aufgesprungen. »Was erlauben Sie sich?« Entrüstet ging sie auf den unverschämten Arzt zu.

Die Antwort auf ihre Frage steckte gleichsam in der Impfpistole, die Gregor auf einmal wie aus dem Nichts hervorzauberte und der jungen Frau an den Hals drückte.

Röchelnd brach sie zu Gregors Füßen zusammen. Kurt, bisher nur Statist bei diesem ganzen Auftritt, wich unwillkürlich zurück zur Tür, als wäre er sich nicht im Klaren darüber, welche Rolle ihm das Drehbuch zugedacht hatte.

»Lee!« Jo wollte aufspringen, doch seine frisch operierten, schmerzenden Beine waren noch nicht zu gebrauchen.

In OP 17 hatten sich bereits alle versammelt.

Sämtliche Logenmitglieder trugen Schwarz wie zu einer Beerdigung. Nur Jo sprengte den trübsinnigen Rahmen mit seinem zweiteiligen asiatischen Schlafanzug. Er lag gefesselt auf dem Boden wie ein trauriger Clown, den man gewaltsam zwingen wollte, die gelangweilte Menge zu unterhalten.

Man wartete.

»Die Schmerzen bringen mich um«, stöhnte Wulf im Hintergrund.

»Was soll ich meinem Vater erklären? Ich meine, wir können nicht mehr zurück.«

Hagen teilte Kurts Bedenken nicht im Geringsten. Stattdessen flüchtete er sich in die übliche Lobpreisung seines Mentors: »Charles ist ein Genie. Die Gruppe wird jetzt viel besser zusammenhalten, ihr werdet sehen.« Er sah dabei an Kurt vorbei, der sich nicht sicher war, ob Hagen mit ihm oder mit sich selbst redete. Egal, wen interessierten die schleimigen Reden von diesem Streber jetzt, wo sowieso alle auf dem Zahnfleisch gingen …

»Charles kommt sicher gleich«, warf Viktoria bemüht fröhlich ein. Sie trug ein schwarzes enges Kleid mit einem raffinierten, halb durchsichtigen Muster. Sie wirkte irgendwie … zu ruhig, fast wie ruhig gestellt. Ihre Zuversicht hatte etwas überaus Verkrampftes.

Hagen war mit einer Vision noch nicht am Ende. »Wir stehen kurz vor dem Durchbruch.«

»Er weiß, was wir tun müssen«, stimmte Viktoria in seinen Zukunftsoptimismus mit ein.

»Das … das wird ein großer Erfolg.«

»Er kann alles erklären.«

»Es wird eine Sensation.«

»Sag mal, Hagen, wie bescheuert bis du eigentlich?!« Jo konnte sein eigenes Geschrei bis in die schmerzenden Waden spüren. Das war doch alles nicht zu glauben! Die redeten sich doch gegenseitig ins Koma! Konditioniert, voll gepumpt mit Drogen, die sie gegenüber ihrem Führer mit dem blütenweißen Arztkittel absolut hörig machten … Vermutlich war es eh schon zu spät. »Merkst du nicht, dass er uns alle nur ausnutzt und kaputtmacht?«, brüllte Jo hemmungslos weiter auf den Studenten mit der schwarzen Brille ein. »Wir sind Laborratten, die sich quälen lassen und dann auch noch brav Fragebögen ausfüllen!«

Hagen sah an ihm vorbei, während er sagte: »Wir alle müssen Opfer bringen.« Es klang wie ein Ausspruch aus einer völlig überdrehten Science-Fiction-Serie oder bestenfalls wie ein Zitat aus Müller-LaRousses unerschöpflichem Repertoire an lahmen Durchhalteparolen.

»Hagen!«, rief Jo eindringlich. »Wir wollten doch alle nur gute Ärzte sein! Wir dachten, ein bisschen unerlaubtes Experimentieren ist okay – aber doch nicht Mord! Hör zu, Müller-LaRousse hat Benny und Fred skrupellos ermordet. Er hat –«

Eine heftige Backpfeife brachte Jo vorübergehend zum Schweigen. »Du verstehst nichts von Kameradschaft«, zischte Gregor wütend. »Du bist Abschaum.«

In einem letzten schwachen Versuch, für die Sache zu kämpfen, streckte Hagen die Faust in die Höhe und sah wild entschlossen um sich: »Es geht immer voran! Häh, Leute, wo geht's hin?«

Die peinliche Stille, die nun vermutlich entstanden wäre, wurde sofort von Jo genutzt: »Oh, Mann! Ihr seid doch der beschissenste Haufen von Pennern, den ich je gesehen habe.«

»Wir wollen das alles gar nicht wissen«, sagte Viktoria, während sie sich zu Jo hinabbeugte. »Wir wollten doch nur forschen. Fred hatte einen Unfall. Charles ist gut, ich weiß es …«

Jo drehte sich von ihr weg, so weit es die Fesseln und seine operierten Beine erlaubten.

Viktoria war jedoch schon wieder aufgestanden. Sie ging zur Tür hinüber, vor der die zweite Geisel, ebenfalls gefesselt und obendrein geknebelt, lag.

»Lee!«, rief der hilflose AIPler verzweifelt.

Viktoria brachte die zappelnde Philippinin nach nebenan in den Anästhesieraum.

Hinter ihnen brach lautes Geschrei aus. »Jetzt bring ihn

doch endlich weg!«, erhob sich Hagens Stimme über die ziellose Diskussion der anderen.

»Was denkt ihr eigentlich?« Gregor wirkte wie ein siegessicherer Feldherr. Selbstgefällig strich er über die untere Längskante des Laptops. »Wir machen hier wissenschaftliche Versuchsreihen. Wir brauchen diese Ergebnisse. Benny? Ja, Scheiße, Wulf wird's auch nicht mehr lange machen.«

Ein kühler Luftzug fegte über Jo hinweg, der ängstlich nach der Dachkante tastete, die irgendwo direkt hinter ihm sein musste.

»Schau dir doch mal das degenerierte Material an, an dem wir da rummachen müssen«, fuhr Gregor fort. »Charles spricht von einer völlig neuen Spezies. Technisch perfekter Mensch. Gerüstet für den Überlebenskampf der Zukunft. Die wahre Herrenrasse!«

»Wo ist er?«, ertönte da die Stimme von Müller-LaRousse, der sich beunruhigt umsah. Er war eben in den OP gekommen.

»Charles, endlich!« Viktoria begrüßte ihn erleichtert, als wäre ihr Mentor gerade von einer Weltreise zurückgekehrt.

Doch der Professor blieb gänzlich ungerührt ob ihrer naiven Wiedersehensfreude. »Wo er ist, habe ich gefragt!«

»Gregor ...«, stotterte Hagen, »... ich glaube, auf'm Dach. Wir haben gedacht, dass ...«

Müller-LaRousses Antwort war knapp und überdeutlich: »Seid ihr denn völlig schwachsinnig? Im ganzen Haus schnüffelt das BKA herum, und ihr wollt eure stümperhafte Aktion auf dem Dach wiederholen? Na los, schnell! Holt Hauser und diesen ... diesen dummen Schlächter da sofort zurück!«

Gehorsam trabten Hagen und Kurt aus dem Operationssaal. Sie überholten eine Krankenschwester, die offenbar schon nach Hagen gesucht hatte. »Na endlich«, sprach sie den jungen Arzt von der Seite an. »Doktor Kirchberg, Sie müssen …«

»Ja, ja.« Hagen schenkte ihr keine Beachtung, ja, rempelte sie fast an.

»Hallo? Was ist denn hier eigentlich heute los?«, keifte die Schwester hinter ihnen her. »Erst Doktor Hauser, der sich im Ruheraum einschließt und sich weigert rauszukommen. Was der für unanständiges Zeug brabbelt, und dann …«

Der Zwei-Mann-Suchtrupp blieb wie angewurzelt stehen.

Im Anästhesieraum von OP 17 lag Lee vollkommen regungslos auf dem Rücken. Ihre Arme waren zu beiden Seiten mit Gurten an einer Liege festgeschnallt, und über dem Mund hatte sie einen breiten Klebestreifen.

Noch ganz im Bann von Müller-LaRousses Worten, bereitete die junge blonde Ärztin die Infusion vor. Der Professor hatte sie vorhin im OP für einen kurzen und sehr intensiven Moment beiseite gezogen. »Viktoria«, hatte er gesagt, nein, er hatte es gehaucht, ganz nah an ihrem Gesicht. »Viktoria, wir gehören doch zusammen! Wir sind so nahe dran! Viktoria, ich brauch dich doch so sehr.« Wie Recht er hatte! Sie standen kurz vor dem lang ersehnten Erfolg, und sie brauchten einander – alle für einen, einer für alle. Und dann hatte er noch etwas gesagt: »Du musst dich um diese kleine Filipina kümmern, die weiß zu viel. Eine Überdosis von irgendwas, es darf nicht nachweisbar sein.«

Die junge Medizinerin wandte sich ihrer dunkelhaarigen

Gegenspielerin zu. »Sie sind doch das kleine Thai-Mädchen, ähem, die kleine Philippinin von Doktor Hauser, nicht?«, fragte sie spöttisch. »Er hat viele unpassende Dinge getan in letzter Zeit.«

Lee konnte nicht antworten, doch in ihren Augen flackerte wütender Protest auf.

Protest kam auch aus Jos blutbeschmiertem Mund einige Etagen höher auf dem Dach.

Gregor kümmerte das wenig. Er hatte seine Stimmung soeben mal wieder auf den absoluten Höhepunkt gespritzt. »Kein großer Schritt für die Menschheit, aber ein großer Schritt für dich, Bruder.« Nachdem er die Impfpistole beiseite gelegt hatte, begann er, mit einem arroganten Grinsen auf der Tastatur des Laptops rumzuhämmern.

Jo stand in sich zusammengesackt am Rand des Krankenhausdachs. Fast erwartete er, dass sich seine Beine gegen seinen Willen auf den Abgrund zubewegten. Doch sie taten es nicht.

»Scheiße!«, hörte er Gregor hinter sich fluchen, der nun ebenfalls bemerkte, dass etwas nicht stimmte: Die Verbindung zwischen Jos Muskeln und dem Laptop war gekappt. »Was hast du da?«, brüllte der skrupellose Mediziner plötzlich. Er legte den tragbaren Computer vor der Dachkante auf den Boden und kam nun mit raumgreifenden Schritten drohend auf Jo zu.

Dieser schloss seine Hand fest um die kleine Batterie. Er hatte gehofft, Gregor würde nicht bemerken, wie er sich mit zitternden Händen und schmerzverzerrtem Gesicht den CNE aus dem Rücken entfernt hatte, da er gerade damit beschäftigt gewesen war, seinen Laptop hochzufahren. Doch Gregor zwang ihn nun mit der Kraft seiner eigenen Synthis, die Hand zu öffnen. »Die Batterie?!« Er packte Jo am Revers seines philippinischen Schlafanzugs und versuchte, ihn über die Dachkante zu schleudern.

Jo sah sich schon auf den Abgrund zufliegen, da rutschte Gregor plötzlich aus. Er ließ Jos Hemdkragen los, um sich in letzter Sekunde mit beiden Händen an der Dachkante festzukrallen. Mit seinen präparierten Oberarmen zog er sich ächzend zurück aufs Dach, während Jo hastig zu dem herrenlosen Laptop humpelte. Es gelang ihm gerade noch, einige Befehle in den Computer zu hacken, als Gregor mit einem Baseballschläger auf ihn zustürzte. Sein Gesicht war entstellt vor Raserei.

Jo wich dem angedrohten Schlag im letzten Moment aus.

Gregor setzte zum Sprung an, doch darin lagen zu viel Kraft und Schwung. Müller-LaRousses gewalttätiger Handlanger flog geradezu über seinen vor Schreck erstarrten Widersacher und über die Dachkante hinaus in die Tiefe.

Ein lang gezogener Schrei folgte, der geraume Zeit nicht verklingen wollte. Es war Hagen, der schrie. Er stand fassungslos am Dachfenster und starrte auf die Stelle, von der sein Kumpel vor wenigen Sekunden verschwunden war.

Erst Kurts hysterische Drohungen rissen ihn aus seiner Betäubung. »Schau her, Hauser! Ich bring ihn um!« Zu seinem Entsetzen musste Jo feststellen, dass der junge Mann Willi mit aufs Dach hinaufgeschleppt hatte, der sich mit einem stummen Blick an seinem großen Bruder festhielt. »Ich bring den Krüppel um!«

Und da tat Jo das Einzige, was er für seinen Bruder tun konnte: Er gab auf.

»Kennen Sie Charles?«

Die junge Frau im weißen Kittel wartete erst gar nicht auf eine Antwort, die Lee sowieso nicht im Stande war zu geben. »Charles … Charles ist so wunderbar!« Während sie die Spritze aufzog, bekamen ihre blauen Augen einen merkwürdigen Glanz. Es war, als ob ein blasser Film über ihnen läge, der eine eigene Geschichte mit ganz eigener Handlung erzählte.

Da sah Lee, dass es echte Tränen waren. In immer größer werdenden Kreisen verwischten sie die schwarze Schminke um die Augen der Ärztin.

»Das wird herrlich, Sie werden sehen!«, sagte sie mit einer Euphorie, die von ihren Tränen Lügen gestraft wurde. »Sie sind so glücklich und entspannt, dass Ihr Herz zu schlagen vergisst. Glücklich! All der Schmerz ist vergessen …«

Lee bemühte sich, ganz ruhig dazuliegen. Es war ihr gelungen, eine Hand aus dem Gurt zu befreien. Sie zwang sich zur Geduld.

»Soll ich meinem Vater vielleicht sagen, dass ich Berufsverbot habe? Du weißt ja nicht, wie das ist. Bei mir in der Familie waren schon immer alle Mediziner. Wir sind Winner. Du beschissener Arsch, was glaubst du eigentlich, wer du bist?«

Jo war es langsam leid, dass ein jeder hier ihn für seine persönlichen Versagensängste verantwortlich machte. Und Kurts Argumente waren nicht einmal besonders originell. War in diesem verdammten OP denn niemandem bewusst, dass er für sein eigenes bisschen Erfolg über die Leichen seiner übrigen ›Brüder‹ hinwegstolzierte? Dass er nicht selbst Opfer brachte für die Wissenschaft, sondern andere für sich opferte?

Er versuchte, einen wütenden Schrei auszustoßen, aber der Klebestreifen über seinem Mund verhinderte, dass dieser Schrei nach außen drang.

Der Operationsbereich lag hinter einer Trennscheibe, die sich im hinteren Teil quer durch den OP zog. Vor der großen Scheibe lag Jos gefesselter kleiner Bruder und weinte leise vor sich hin.

Müller-LaRousse, dessen Anzug und Fliege so gar nicht passten zu den OP-Handschuhen, mit denen er gerade an Jos Arm herumnestelte, beugte sich mit einem hässlichen Grinsen über seinen gefesselten und geknebelten Patienten. »Früher hat man Ähnliches gemacht, um aggressive Geisteskranke … sagen wir: langfristig ruhig zu stellen. Sehr ruhig. Sehr lange. Lobotomie –«

Die Armgurte, die Jo auf dem Operationstisch hielten, widerstanden dem ruckartigen Impuls seiner Hände, die sofort abwehrend in die Höhe schnellen wollten. Lobotomie – das war die operative Durchtrennung der Verbindungen zwischen Thalamus und Stirnhirn, ein massiver neurochirurgischer Eingriff, der aus ihm ein willenloses Wrack machen würde.

»Na, na, Sie lachen!«, fuhr der Professor fort, obwohl niemand gelacht hatte. »Sie haben nie verstanden, dass wir wirklich Großes leisten wollten. Glauben Sie wirklich, es hätte mich interessiert, aus einem Krüppel einen Invaliden zu machen? Viktoria, beginnen wir mit der Anästhesie.«

Mit gesenktem Kopf trat die Angesprochene vor. Unter der OP-Haube und dem Mundschutz konnte man ihr Gesicht nicht sehen. Und vor allem konnte Jo die Injektion nicht spüren. Er blickte nach unten auf seinen Arm und erkannte, dass die junge Frau daneben spritzte. Und allein an ihren Augen erkannte er, dass nicht Viktoria, sondern Lee neben ihm stand. Diese löste nun vorsichtig den Gurt von Jos Arm und drückte Müller-LaRousses Patienten unauffällig eine Schere in die Hand.

»Das ist so sauber, so präzise, so medizinisch, und praktisch nicht nachweisbar!«, war Müller-LaRousse inzwischen fortgefahren. Sein selbstverliebter Monolog nahm ihn so in Anspruch, dass er nicht bemerkt hatte, was auf der anderen Seite des Operationstischs vor sich ging. »Ich hab mir gedacht, wir deaktivieren die Sprachmotorik, coagulieren etwas im Thalamus und gehen dann auf die Hirnnervenkerne ...«

Jo zwang sich, die wiedergewonnene Freiheit seines linken Arms nicht auf der Stelle zu nutzen. Es fiel ihm schwer, dem haarsträubenden Vortrag des Professors zuzuhören und dabei ruhig liegen zu bleiben. Er musste den richtigen Moment abwarten.

»So, jetzt schauen wir mal ... vorsichtig ... Nasenscheidewand ...« Während der Professor ein längliches Untersuchungsgerät in Jos Nase einführte, begann er, unvermittelt vor sich hin zu pfeifen. Er sah sich nach Hagen um, der ihm zur Hand gehen sollte.

Dieser stand in sicherem Abstand vom Operationstisch, bewegungslos und kreidebleich. »Ich kann nicht mehr«, stieß er emotionslos hervor. »Es ist das alles nicht mehr wert ...«

Müller-LaRousse konnte dieses wehleidige Gejammer nicht ausstehen. Aber er wusste, dass er seinen Musterschüler nicht noch mehr einschüchtern durfte, damit dieser jetzt nicht durchdrehte. »Wir stellen doch ein neues Team zusammen! Wir brauchen junge, begeisterungsfähige, gesunde, neue Kollegen. Hagen! Viktoria! Meine Besten!« Er beugte sich wieder über seinen Patienten. »Wir werden –«

Da schnellte Jo plötzlich vor und stach zu.

Der Professor presste sich reflexartig eine Hand auf das weiße Hemd, das sich über der Herzgegend langsam dunkelrot färbte. Er bekam die Schere zu fassen, die tief in seiner Brust steckte.

Für einen langen, schier unendlichen Moment schienen es, als sähe ihn Müller-LaRousse erstaunt, ja, fast bewundernd an. Die anderen hatten die Szene am OP-Tisch geschockt verfolgt. Verwirrung und Orientierungslosigkeit schienen sich plötzlich auf ihren Gesichtern breit zu machen.

Dann brach der Professor in Hagens Armen zusammen. Es war wie ein Befehl zum Rühren. Ein Tumult brach aus. Alle schrien durcheinander, medizinische Ausrüstung flog durch die Gegend, und die Scheibe zersplitterte in tausend Stücke.

Sogar das energische Klopfen an der verriegelten Tür zu OP 17 ging in der Randale unter. »Was ist denn los da drin?«, versuchte draußen eine beunruhigte Stimme vergeblich, sich Gehör zu verschaffen. »Braucht ihr Hilfe? Nun macht doch die Tür auf, Mann. Nun macht schon!«

Lee schlug sich unbeirrt durch das Chaos aus Gebrüll und wilden Prügeleien und löste den Feueralarm und die Sprinkleranlage aus. Sofort begann es in Strömen von der Decke zu regnen.

Allein die plötzlichen Wassermassen waren im Stande, das Chaos zu bändigen. Das Geschrei ebbte allmählich ab. Jeder ließ dort, wo er gerade war, die mit Synthis gestählten Arme sinken, um stumm durch den verwüsteten Saal zu blicken.

Hagen hatte den schwer verwundeten Professor mit sich zu einem Schrank neben dem OP-Tisch geschleift. »Wir waren so nahe …«, hauchte Müller-LaRousse mit ausdruckslosem Blick.

»Charles, sie dürfen dich nicht demütigen …«, zu den Wassertropfen der Sprinkleranlage gesellten sich Tränen auf Hagens Gesicht, »ich werde dich vor ihnen retten …« Fast zärtlich legte er eine Hand über das Gesicht des Professors. Nach einigen Sekunden setzte die Atemnot ein. Müller-LaRousses Augäpfel zuckten in Panik hin und her. Mit einem Arm schlug er ziellos nach hinten. Er erwischte Hagen im Gesicht, sodass diesem die Brille von der Nase flog. Da nahm Hagen die Hand vom Mund des Professors und legte seine synthiverstärkten Finger an dessen Kinn. Nur ein leises Knacken war zu hören, als er seinem gescheiterten Mentor das Genick brach. Hagen ließ die Hand sinken. Mit leerem Blick betrachtete er das Chaos um sich herum.

Mit dem gleichen leeren Blick starrte Viktoria unterdessen auf die weißen Kacheln vor sich. Sie lag im Anästhesieraum des OPs auf dem Boden. Von ihrer Armbeuge hing der Beutel mit der Infusion, die sie Lee verabreichen hatte wollen und die nun langsam in ihre Blutbahn tropfte. Ihre Augen waren weit aufgerissen, und der verschmierte Kajal zog sich bis tief auf ihre Wangen hinunter. Nur ihr Mund bewegte sich, während sie ohne jede Regung in der Stimme ihr Credo wiederholte: »So glücklich …«

»Für uns beginnt die eigentliche Arbeit erst jetzt: ein Filz aus Korruption, Abhängigkeiten. Das Übliche.« Paula Henning seufzte tief. Dann musterte sie Jo, der im roten Frottee-

Bademantel in einem Rollstuhl saß und schon wieder ganz munter aussah. »Und wie geht's für Sie weiter?«

»Unfallklinik Bochum. Ich hab mich für ein Forschungsstipendium beworben«, erwiderte der Mediziner voller Enthusiasmus. Er freute sich auf seine neue Stelle.

»Mhm«, machte Paula nur. Nachdem sie vor Jahren selbst das Opfer einer Logenverschwörung geworden war, hatte sie ihre Ausbildung zur Ärztin an den Nagel gehängt. Aber vielleicht war es für ihn ja genau das Richtige, jetzt, wo er die Schattenseite absoluter Forschungsfreiheit kennen gelernt hatte. Diese Erfahrung würde sicherlich – vom ethischen Standpunkt aus gesehen – positiv in seine Arbeit einfließen. Sie nickte zustimmend. »Forschung ist gut.«

In diesem Augenblick fuhr Willi mit einigen lachenden Kindern im Schlepptau, die gemeinsam seinen Rollstuhl schoben, fröhlich plappernd an ihnen vorbei.

Jo beobachtete seinen Bruder stolz. »Am Ende des Tages ist nichts unheilbar ...«, zitierte er einen Satz, den er vor nicht allzu langer Zeit schon einmal irgendwo gehört hatte, aber er konnte sich nicht erinnern, wo. »Ich war mir noch nie im Leben so sicher.« Diesen Satz hatte er selbst so oder ähnlich schon mal gesagt. Damals, zu Hause, zu Willi und zu ihrer Mutter.

»Ja, das hab ich auch mal geglaubt ...«, entgegnete Paula. »Also dann. Wir brauchen noch Ihre Aussage – passen Sie auf sich auf. Und vermeiden Sie Arztbesuche!«

Nachdem sie gegangen war, kam Lee in ihrer hellblauen Schwesterntracht auf ihn zu. »Und?«, fragte sie augenzwinkernd und reichte ihm einen Becher.

»Schon viel besser. Ich hab nur noch starke Schmerzen.«

»Brauchst du Spritze?«

»Was ist das?« Jo betrachtete die durchsichtige Flüssigkeit in dem Becher. »Philippinisches Geheimrezept?«

»Wasser mit Aspirin.«

Doch anstatt zu trinken, spitzte Jo die Lippen und reckte sich aus seinem Rollstuhl zu ihr hoch. »Aber was ist mit Zuwendung?«, nuschelte sein Kussmund. »Menschlicher Wärme? Guten Geistern?«

»Sehr wichtig«, erwiderte Lee lächelnd. »Soll ich einen Doktor rufen?«

Er schüttelte den Kopf und küsste sie zärtlich. Das fiel eindeutig in ihren Zuständigkeitsbereich.

Epilog

Im Dämmerlicht ihres leicht abgedunkelten Büros saß Frau Professor Bamberg und bemühte sich um einen überzeugenden Tonfall und einen ebensolchen Gesichtsausdruck, während sie sprach.

»Das in jeder Hinsicht tragische Kapitel Müller-LaRousse ist abgeschlossen – bis auf diese grotesken Vorwürfe gegen meine Person, aber das dürfte doch demnächst aus der Welt sein.« Ihre letzten Worte wurden von einem entwaffnenden Lächeln begleitet.

»Im Interesse des Hauses sollten wir zur Normalität zurückfinden«, fuhr sie fort. »Ich möchte daher die vakante Stelle des Abteilungschefs rasch neu besetzen und werde dem Stiftungsrat gleich nächste Woche meine Vorschläge unterbreiten. Ich will ganz offen sein: In dieser Situation muss ein Höchstmaß an Integrität und Lauterkeit des ›Neuen‹ außer Frage stehen.«

Sie schwieg einen Moment, damit ihre Worte wirken konnten.

»Ich freue mich auf jeden Fall sehr, dass Sie Interesse angemeldet haben und, ja, ich werde Sie auf dem Laufenden halten! Ach ja, es gibt da so einen informellen Jour fixe wissenschaftlich interessierter Kollegen. Wenn Sie Zeit hätten … Es sind auch einige Mitglieder des Stiftungsrats dort … Mittwochabend? Ginge das bei Ihnen?«

Schinder zog einen kleinen Kalender aus der Brusttasche seines strahlend weißen Arztkittels und blätterte kurz darin. Dann nickte er langsam. »Mittwochabend. Das, äh, ja, das würde mir passen.«